ABHANDLUNGEN DES METEOROLOGISCHEN DIENSTES
DER DEUTSCHEN DEMOKRATISCHEN REPUBLIK
Nr. 125 (Band XVII)

Automatische Meteorologische Stationen

Vorträge auf dem 4. Internationalen Symposium über die effektive Nutzung Automatischer Meteorologischer Stationen, Potsdam, 25.–27. April 1978

Mit 50 Abbildungen und 21 Tabellen

AKADEMIE-VERLAG · BERLIN
1980

551.508.824
551.5:061.3(100)

Erschienen im Akademie-Verlag, DDR-1080 Berlin, Leipziger Straße 3—4

Lizenznummer: 202 · 100/457/80
Gesamtherstellung: VEB Druckerei „Thomas Müntzer", 5820 Bad Langensalza
Bestellnummer: 7628276 (2023/125) · LSV 1465
Printed in GDR
DDR 60,— M
ISSN 0138-1105

Inhaltsverzeichnis

S. KLEMM (DDR), Zur effektiven Nutzung der AFMS im Netz des Meteorologischen Dienstes der DDR 5

M. A. GOL'BERG, G. V. VOLOBUEVA, I. M. SKURATOVIČ (UdSSR, BSSR), Die Möglichkeit der Gewinnung des vollständigen Informationsvolumens an Stationen, die ohne Nachtdienst eines Beobachters arbeiten (russ., mit dt. Zusammenfassung) . . . 9

T. WOJCIECHOWSKI, E. MICHAŁCZEWSKI (VRP), Arbeiten auf dem Gebiet der Geber und Meßwandler der automatischen meteorologischen Stationen (russ., mit dt. Zusammenfassung) . . . 17

M. MEZÖSI (UVR), Windfernmeßnetz für Sturmwarnung . . . 23

V. JIROWSKI (ČSSR), Vorbereitung der Automatisierung des Stationsnetzes in der ČSSR . . . 25

S. KLEMM, H. HENNING, U. BLEEK (DDR), Über die Erprobung eines AFMS-Gebers für festen Niederschlag . . . 27

U. BLEEK (DDR), Wolkenhöhenmesser IWO mit Fernregistrierung und als Geber für die AFMS . . . 29

K. KRÜGER (DDR), Ein neuer elektronischer Datenspeicher für die AFMS . . . 31

H.-F. WEHNER (DDR), Anlage zur Erfassung der vertikalen Windscherung . . . 35

H. HENNING (DDR), Über Erfahrungen der Taupunkttemperaturmessung mit dem LiCl-Taupunktfühler der Firma Feutron im AFMS-Netz des Meteorologischen Dienstes der DDR . . . 37

D. SONNTAG (DDR), Das elektrische Aspirationspsychrometer EAP 1 als Meßwertgeber für die AFMS . 41

D. SONNTAG (DDR), Aufbau und Erprobung von Lyman-Alpha-Feuchtigkeitsmeßgeräten . . . 45

A. L. ZLATIN (UdSSR), Die automatische hydrometeorologische Station AGMS-NN (russ., mit dt. Zusammenfassung) . . . 51

L. I. ZACHARENKOV, I. I. MATVEENKO, I. M. SKURATOVIČ (UdSSR, BSSR), Ergebnisse des Betriebs und der Vergleichsbeobachtungen der Stationen AFMS (DDR) und M-106 M (UdSSR) an der meteorologischen Station Stolbcy beim HMD der Belorussischen SSR (russ., mit dt. Zusammenfassung) . . . 53

S. KLEMM, H. HENNING (DDR), Über die Erprobung der automatischen meteorologischen Station M-106 M 59

R. ZIEMANN (DDR), Erfahrungen bei der Sammlung von AFMS-Daten für den Wettermeldedienst im Meteorologischen Dienst der DDR . . . 65

J. KOLBIG, W. EICHELBAUM (DDR), Über die Dokumentation der Verfügbarkeit von meteorologischen Daten, die im Netz der meteorologischen Bodenstationen des Meteorologischen Dienstes der DDR mit automatischen Stationen gewonnen werden . . . 69

A. S. BRITAEV, G. P. FARAPONOVA, R. CH. CHALIKOVA (UdSSR), Messungen der Schwächung der UV-Strahlung in einer bodennahen Trasse (Luftschicht) . . . 73

A. S. BRITAEV, G. P. FARAPONOVA (UdSSR), Zur Methodik der Bestimmung des Ozongehaltes in der unteren Atmosphäre durch Messungen im ultravioletten Spektralbereich . . . 75

K. N. MANUJLOV, V. G. SOROKIN, A. S. KRANCBERG (UdSSR), Einige Forschungsergebnisse zur Veränderlichkeit der Spektren meteorologischer Elemente und Anforderungen an meteorologische Messungen (russ., mit dt. Zusammenfassung) . . . 77

A. I. MECHOVIČ, E. B. GREJZ, V. I. TIMOFEEV, V. N. ČUB (UdSSR), Hochfrequenzverfahren und Vorrichtungen zur Messung von Windparametern . . . 81

G. Brömme, U. Wendling (DDR), Anforderungen an die automatisierte Meßwerterfassung meteorologischer Parameter für die Belange der Agrarmeteorologie zur Bestimmung der Evapotranspiration . . . 85

L. Bereczky, M. Mezösi (UVR), „METEODAT"-Datenerfassungssystem für meteorologische Türme und Umweltschutzforschung . . . 87

V. N. Čub, A. I. Mechovič, A. G. Roščin, V. I. Timofeev, E. B. Grejz (UdSSR), Automatische Station zur Kontrolle von Luftverunreinigungen (ASKZA) . . . 89

H.-A. Ullner (DDR), Pt-100-Widerstandsthermometer als Temperaturgeber für AFMS . . . 95

Ju. F. Ivanov, K. N. Manujlov, A. L. Zlatin (UdSSR), Die gegenwärtigen Entwicklungskonzeptionen der automatischen hydrometeorologischen Stationen (russ., mit dt. Zusammenfassung) . . . 97

S. Klemm (DDR), Methodische und technische Anforderungen an eine 2. Generation AFMS . . . 101

P. Hanák (UVR), Steuerung von telemechanischen Systemen durch Mikrocomputer . . . 107

A. P. Kurkovskij (UdSSR), Die Analyse der Informationsflüsse des meteorologischen Rechensystems am Fernsehturm in Ostankino (Moskau) . . . 111

Autorenverzeichnis . . . 115

Zur effektiven Nutzung der AFMS im Netz des Meteorologischen Dienstes der DDR

von S. Klemm

Seitdem die Automatische Fernmeldende Meteorologische Station (AFMS) des Meteorologischen Dienstes der DDR auf dem ersten Internationalen Symposium über Automatische Meteorologische Stationen hier in Potsdam vorgestellt wurde [1], wurde zielstrebig an der Erhöhung der Effektivität bei der Nutzung dieser Anlage in vielfältiger Weise gearbeitet. Auf dem 2. und 3. AMS-Symposium in Minsk und Gomel [2] wurde über erreichte Erfolge auf diesem Gebiet jeweils berichtet.

Die Erhöhung der Effektivität bei der Nutzung der Automatischen Meteorologischen Station ist eine wichtige und ständige Aufgabe, die sich sowohl auf das technische Gebiet, auf technische Verbesserungen, z. B. die Wartung und den Service, beziehen als auch auf organisatorische und methodische Fragen, die unter anderem eine optimale Kombination zwischen Mensch und Maschine, zwischen Beobachter und automatischer Station zum Ziel haben. Es scheint angebracht, in einem einleitenden Vortrag einen kurzen Überblick über die bisherige Lösung dieser vielfältigen Aktivitäten zu geben und damit dem Anliegen unseres Symposiums gerecht zu werden.

Nach einem Überblick der WMO, der auf der letzten CIMO-Tagung in Hamburg 1977 von der Arbeitsgruppe „Automatische Meteorologische Systeme" gegeben wurde, der der Verfasser angehört, sind gegenwärtig in der Welt 2300 Automatische Meteorologische Stationen im Einsatz, davon jedoch 92% in unbewohnten Gebieten, die Weltmeere mit Bojen eingeschlossen. Nur 8% von eingesetzten Automatischen Meteorologischen Stationen werden in bewohnten Gebieten genutzt, wovon ein Teil wiederum nur für Spezialmessungen eingesetzt ist. Im routinemäßigen Einsatz für die ständige operative Datenerfassung sind gegenwärtig Automatische Meteorologische Stationen in der UdSSR, in den USA, in Frankreich, Kanada, Japan, Norwegen, in der BRD, in Italien, Australien und Belgien und hier bei uns in der DDR. Insgesamt sind in 26 Ländern Automatische Meteorologische Stationen in Nutzung, wobei 55 verschiedene Typen von Automatischen Meteorologischen Stationen bekannt sind.

Auf der genannten Tagung der CIMO und auch auf anderen internationalen Veranstaltungen der WMO kam in den letzten Jahren verstärkt die Absicht weiterer Länder zum Ausdruck, die Automatisierung der meteorologischen Datenerfassung stärker zu fördern und den Einsatz Automatischer Meteorologischer Stationen in noch größerem Umfang zu realisieren. Es gibt heute wohl kaum noch Zweifler, die der Automatisierung der Datenerfassung die Zukunft absprechen möchten. Das war jedoch nicht immer so, auch nicht in unseren Ländern. Ich glaube, auch wir hier haben zu dieser wichtigen Erkenntnis zur Notwendigkeit der Automatisierung unseren Beitrag geleistet und mitgeholfen, in erster Linie eine ideologische Barriere zu durchbrechen trotz verschiedener Schwierigkeiten, die uns dabei entgegengetreten sind und die zu überwinden waren.

Mit dieser kurzen Abschweifung wollte ich in erster Linie deutlich machen, daß wir auch heute noch bei der Fortführung der Automatisierung weiterhin Neuland beschreiten und daß wir weiterhin nur in enger Zusammenarbeit mit den Nutzern der meteorologischen Daten für synoptische und klimatologische Zwecke die uns gestellten Aufgaben auf diesem Gebiet erfüllen können. Daher ist ein internationaler Erfahrungsaustausch auf diesem Gebiet in regelmäßigen Abständen wohl eine rentable Investition, die einen beträchtlichen Beitrag zur weiteren Erhöhung der Effektivität der Automatischen Meteorologischen Stationen leisten kann.

In welcher Weise haben wir nun im MD der DDR diese Aufgaben bisher gelöst?

Schon unsere erste Automatische Meteorologische Station, die wir anläßlich des 1. AMS-Symposiums 1970 den Teilnehmern des Symposiums vorgeführt haben, war nicht mehr die Anlage, wie sie entwickelt worden war. Sie war damals schon erweitert mit einer Zusatzbaugruppe, mit einer ersten Variante einer sogenannten DSAA. Diese Baugruppe ermöglichte die externe Speicherung der stündlich ausgegebenen Daten und die Abfrage dieser gespeicherten Daten über Telex. Damit wurde die automatische Klimastation zur Automatischen Fernmeldenden Meteorologischen Station.

Der nächste Schritt zur Erhöhung der Effektivität war die Erweiterung mit einer AWE. Mit Hilfe dieser Zusatzbaugruppe wählt die AFMS automatisch die Datenempfänger über Telex an und übermittelt die Daten ohne menschliches Zutun automatisch.

Die ersten Varianten dieser beiden wichtigen Baugruppen wurden in der Folgezeit weiter verbessert. Trotzdem stellte sich heraus, daß das mechanische Laufwerk des Bandspeichers der DSAA ein Störfaktor blieb, dessen prozentualer Anteil an den Störungen bis zu 20% betrug. Durch eine Verpflichtung zu Ehren des 60. Jahrestages des Roten Oktober wurde im Instrumentenamt ein vollelektronischer Speicher, der auf nur einer Leiterkarte untergebracht ist, entwickelt. Dieser elektronische Speicher wird nun den bisherigen Bandspeicher ablösen. Die Ausrüstung aller AFMS mit diesem neuen elektronischen Speicher wird in den nächsten Monaten erfolgen. Diese neuentwickelte Baugruppe, die bei der bisherigen Erprobung über mehrere Monate völlig störungsfrei funktioniert hat, bringt daher eine erhebliche Steigerung der Zuverlässigkeit bzw. Reduzierung der Ausfallhäufigkeit.

Weitere Maßnahmen zur Erhöhung der Effektivität der AFMS auf technischem Gebiet seien im folgenden erwähnt:

1. Die Erweiterung der AFMS mit einem Geber für die Erfassung der Wolkenuntergrenze.

   Dazu wird der bewährte Wolkenhöhenmesser IWO mit einer neuentwickelten Zusatzbaugruppe verwendet. Mit dieser Zusatzbaugruppe kann der IWO nicht nur als Geber für die AFMS, sondern auch zur Fernregistrierung genutzt werden. Die bisherige Erprobung, die schon über ein Jahr durchgeführt wird, zeigt außerordentlich ermutigende Ergebnisse.

2. Die Erweiterung der AFMS mit einem 2. Ausgang für Strahlungsparameter.

   Dadurch kann neben der bisherigen Globalstrahlung die Himmelsstrahlung erfaßt werden. In diese Entwicklung ist außerdem eingeschlossen, daß für besondere Forschungsaufgaben, die im Zusammenhang mit der Erderkundung von bemannten Raumstationen aus eine immer größere Bedeutung gewinnen, nicht nur Stundensummen der Global- und Himmelsstrahlung, sondern auch 10-Minuten-Summen mit Hilfe der AFMS gewonnen werden, die nach Ablauf einer Stunde in datenverarbeitungsgerechter Form ausgegeben und automatisch übermittelt werden. Diese Entwicklung wird ebenfalls in diesem Jahr noch in die Praxis überführt.

3. Die Erweiterung des 3. Ausgabezyklus der AFMS um zusätzlich 7 neue Meßstellen.

   Damit kann die AFMS neben dem Standardprogramm zusätzliche Parameter mit Widerstandseingang für Forschungszwecke erfassen.

4. Technische Verbesserung in Form verbesserter Analog-Digital-Wandler für die Windrichtung und Strahlungsparameter.

   Mit dieser Entwicklung wird die Meßgenauigkeit für die Windrichtung, die Globalstrahlung und Himmelsstrahlung verbessert. Während der neue Analog-Digital-Wandler für die Windrichtung in bereits allen AFMS verwendet wird, wird er für die Strahlungsparameter noch in diesem Jahr zum Einsatz gelangen.

5. Verbesserung des Analog-Digital-Wandlers für die Temperaturmessung.

   Durch den Einsatz der bisherigen Linienlampe durch eine Faseroptik konnte die Lebensdauer dieser Baugruppe wesentlich erhöht werden. Alle AFMS sind inzwischen mit dieser Faseroptik ausgerüstet und es gab damit noch keine Ausfälle.

Alle diese erwähnten technischen Verbesserungen an den im Einsatz befindlichen AFMS sind neben den eigentlichen Service-Arbeiten durchgeführt worden und alle AFMS sind auf den gleichen neuesten technischen Stand gebracht worden.

Ein besonderes Anliegen war und ist die Entwicklung und Weiterentwicklung neuer Geber, da diese Arbeiten ganz besonders zur Erhöhung der Effektivität der Nutzung der AFMS beitragen. Seit dem 3. AMS-Symposium wurden ein Druckgeber, ein neuer Geber zur Erfassung der Lufttemperatur und Luftfeuchte, ein neues elektrisches Psychrometer und ein Geber zur Messung des festen Niederschlages entwickelt. Die Erfassung dieses speziellen Parameters war bisher durch die AFMS nicht möglich.

Auf dem Gebiet der Geberentwicklung wird eine weitere Erhöhung der Effektivität der AFMS durch die im neuen Arbeitsplan aufgenommene Entwicklung weiterer Geber in der bilateralen Zusammenarbeit mit dem HMD der UdSSR zu Ehren des 30. Jahrestages der Gründung der DDR und des 2. Jahrestages der neuen Verfassung der UdSSR erreicht werden.

Wie schon eingangs erwähnt, ist jedoch eine Erhöhung der Effektivität bei der Nutzung der AFMS nicht nur auf technischem Gebiet, durch technische Verbesserungen bzw. Vervollkommnung möglich, sondern auch durch Maßnahmen auf methodischem und organisatorischem Gebiet. Dazu seien ebenfalls einige Aktivitäten hier angeführt:

1. Die Erarbeitung einer speziellen Ordnung des Direktors des MD, die alle Fragen im Zusammen-

hang mit dem Einsatz von AFMS regelt, beginnend von speziellen Baumaßnahmen an den Stationen bis zur Übernahme der Anlage in die operative Nutzung für die Datengewinnung für nrt- und rt-Zwecke, d. h. für synoptische und klimatologische Zwecke.

2. Die Ausarbeitung von sogenannten operativen Dokumenten, in denen alle methodisch-organisatorischen Festlegungen für die einheitliche Nutzung aller AFMS enthalten sind. Dort sind auch Festlegungen enthalten, die die Vergleichsmessungen aller im Einsatz befindlichen AFMS mit konventionell gewonnenen Meßdaten regeln. Diese methodisch-organisatorischen Dokumente sind in enger Zusammenarbeit mit Vertretern der Synoptik und Klimatologie entstanden bzw. teilweise durch die Datennutzer selbst erarbeitet worden.
3. Die Spezialisierung des AFMS-Service. Seit geraumer Zeit wird von jedem Servicetrupp ein feststehender Bereich von AFMS gewartet. Dadurch wird die persönliche Verantwortung der Service-Mitarbeiter erhöht und eine Möglichkeit des Leistungsvergleiches im sozialistischen Wettbewerb geschaffen.
4. Die Durchführung von Maßnahmen zur Dezentralisierung des AFMS-Service in Form der Schaffung von Service-Außenstellen. Im Aufbau von Service-Außenstellen sehen wir eine weitere Möglichkeit der sozialistischen Rationalisierung, Einsparung von Fahrzeit und Vergaserkraftstoff sowie die weitere Reduzierung der Ausfallzeiten der AFMS bei Störungen. Die Zweckmäßigkeit dieses Vorhabens haben wir an einem Beispiel seit 2 Jahren untersucht und sind dabei zu einem positiven Ergebnis gekommen.
5. Die weitere Qualifizierung der meteorologischen Beobachter an den Stationen in Form der Durchführung von jährlich 2 AFMS-Einweisungslehrgängen. Seit der Einführung der ersten AFMS wurde dieser Qualifizierung besondere Aufmerksamkeit geschenkt. In den letzten Jahren wurden 12 solcher Lehrgänge durchgeführt und dabei etwa 150 meteorologische Beobachter speziell qualifiziert. Bei diesen Lehrgängen wurden nicht nur bestimmte Vorbehalte gegenüber der neuen Technik beseitigt, sondern das Stationspersonal mit der neuen Technik und Technologie vertraut gemacht. Dadurch konnte eine echte Erhöhung der Effektivität in Form einer Verringerung von Ausfällen erlangt werden. Außerdem wurde durch diese ständige Qualifizierung eine bessere Durchführung der Wartungsaufgaben bei den Gebern und auch eine bessere Zusammenarbeit mit den AFMS-Service-Spezialisten erreicht.

Neben all den genannten Maßnahmen zur Steigerung der Effektivität bei der Nutzung der AFMS darf jedoch die wichtigste Maßnahme nicht vergessen werden, nämlich die Nutzung der AFMS nicht nur an Kat. I-Stationen mit 6 Beobachtern, sondern besonders an Kat. III- und -IV-Stationen. An Kat. III-Stationen ist nur noch ein Beobachter von Montag bis Freitag etwa von 7.00 bis 14.00 tätig und führt visuelle Beobachtungen durch, in der übrigen Zeit, also nachts, sonnabends und sonntags und im Urlaub erfaßt die AFMS allein meteorologische Daten und überträgt sie automatisch über Telex an Datensammelstellen. An Kat. IV-Stationen sind AFMS ohne meteorologische Beobachter für die Datenerfassung eingesetzt. Das heutige Programm für die meteorologische Datenerfassung im MD der DDR könnte ohne AFMS bei gleicher Qualität und Quantität der Daten nur mit einer wesentlich größeren Anzahl von Beobachtern durchgeführt werden. Gegenwärtig sind ca. 40 AFMS im Netz des MD der DDR im Einsatz, davon 3/4 an Kat. III-Stationen und 2 AFMS an Kat. IV-Stationen. Damit ist die erste Etappe der Automatisierung mit der AFMS-1 im MD der DDR abgeschlossen. In diesem Jahr werden alle noch nicht in die operative Nutzung überführten AFMS in die routinemäßige Datenerfassung überführt.

E. Peters [3] hat vor über 10 Jahren zu Beginn der Automatisierung im MD der DDR das Kosten-Nutzen-Verhältnis, d. h. den Aufwand mit automatischen Stationen und konventioneller Meßtechnik, berechnet und verglichen. Er kam damals zu dem Ergebnis, daß die höheren Ausgaben mit der Einführung automatischer meteorologischer Stationen mit den Ausgaben an einer Station, die mit konventioneller Meßtechnik und mit mehreren Beobachtern betrieben wird, sich in einem Zeitraum von 10 Jahren ausgleichen. In dieser Rechnung ist jedoch nur das Gehalt der Beobachter in die Rechnung einbezogen. Berücksichtigt man dabei die Tatsache, daß auf einer eingesparten Planstelle ein Arbeiter in der Industrie für die Volkswirtschaft im Jahr in der DDR Warenproduktion im Werte von durchschnittlich 100000,— M erzeugt, so sieht man die Effektivität durch die Einführung der Automatisierung im Meteorologischen Dienst besonders deutlich.

Daher leisten wir mit der weiteren Automatisierung der meteorologischen Datenerfassung einen bemerkenswerten Beitrag bei der sozialistischen Rationalisierung im großen Maßstab, wie er von uns allen gefordert wird. In diesem Sinne sehen wir unsere standigen Bemühungen bei der immer besseren Nutzung der AFMS durch die ständige Effektivitätserhöhung. Alle bisher gesammelten Erfahrungen sind besonders zu berücksichtigen bei der Konzipierung einer neuen Generation von AFMS, um damit eine weitere wesentliche Effektivitätssteigerung in der automatischen meteorologischen Datenerfassung zu erreichen.

Literatur

[1] KLEMM, S., Die Automatische Fernmeldende Meteorologische Station des Meteorologischen Dienstes der DDR. Z. Meteor. **22** (1971) 8—10, 251—261.

[2] KLEMM, S., Problemy i opyt sozdanija seti avtomatičeskich telemetričeskich meteostancij (AFMS) s točki zrenija techniki i meteorologii, Razrabotka i èksplutacija avtomatičeskich meteorologičeskich stancij. Trudy II, Meždunarodnogo Simpoziuma, Minsk, Oktjabr' 1972, Leningrad: Gidrometeoizdat 1974, 92—104.

[3] PETERS, E., Grundsätze des netzmäßigen Einsatzes Automatischer Meteorologischer Stationen in bewohnten Gebieten am Erdboden. Z. Meteor. **22** (1971) 8—10, 308—312.

Die Möglichkeit der Gewinnung des vollständigen Informationsvolumens an Stationen, die ohne Nachtdienst eines Beobachters arbeiten

von M. A. GOL'BERG, G. V. VOLOBUEVA, I. M. SKURATOVIČ (UdSSR, BSSR)

Zusammenfassung

Diese Frage wird hier für solche meteorologischen Stationen betrachtet, die mit einer automatischen Station M-106 M ausgerüstet sind. Dargelegt werden methodische Fragen der Kontrolle der Qualität der Information einer automatischen Station, der Erarbeitung einer Sturmlogik für gefährliche Wettererscheinungen sowie der Rekonstruktion der von einer Station nicht registrierten atmosphärischen Erscheinungen und Bewölkungscharakteristiken. Im einzelnen wird festgestellt:

1. Der vorgeschlagene Algorithmus der Sturmlogik für den Wind, die meteorologische Sichtweite und die Höhe der Wolkenuntergrenze gewährleistet eine nahezu optimale Arbeit der automatischen Station im Sturmregime.
2. Bei einer Ausrüstung der Station M-106 M mit Gebern für Glatteis und feste Niederschläge gewährleistet die Station einen für die operative Betreuung völlig ausreichenden Umfang der Sturminformationen.
3. Die von der Station M-106 M (beim Vorhandensein von Gebern für Glatteis und feste Niederschläge) ausgegebene Information ist ausreichend für eine Rekonstruktion der grundlegenden atmosphärischen Erscheinungen anhand der vorgelegten Algorithmen und beim Vorhandensein von Registriergeräten auch für eine Rekonstruktion der Dauer dieser Erscheinungen. Für eine Rekonstruktion der Bewölkungsmenge muß man zusätzlich die Daten eines Wetterradars und die entsprechenden Daten benachbarter Stationen auswerten.
4. Bei der Arbeit ohne nächtlichen Beobachterdienst an Stationen, die mit einer M-106 M ausgerüstet sind, kann man das grundlegende Volumen der Information erhalten, die für einen operativen Betrieb und für Regime-Verallgemeinerungen notwendig ist.
5. Die Benutzung automatischer Stationen M-106 M erlaubt es, an einem Teil der Stationen den Nachtdienst der Beobachter ohne wesentlichen Informationsverlust abzuschaffen.

Возможность получения полного объема информации на станциях, работающих без ночного дежурства наблюдателя

М. А. ГОЛЬБЕРГ, Г. В. ВОЛОБУЕВА, И. М. СКУРАТОВИЧ (СССР, БССР)

Наблюдательные метеорологические станции Белоруссии оснащены автоматическими станциями М-106 М. Они обеспечивают в синоптические сроки наблюдения за температурой воздуха и почвы (на 9 глубинах), влажностью воздуха (точка росы), давлением, скоростью (средней за 10 минут и максимальной за три часа) и направлением (средним за 10 минут) ветра, высотой нижней границы облачности (ВНГО), метеорологической дальностью видимости (МДВ), количеством жидких осадков, наличием солнечного сияния. Станция проводит учащенные наблюдения за скоростью ветра, МДВ, ВНГО для обеспечения штормовой информации по этим параметрам (имеется возможность штормовой информации по гололеду при наличии соответствующего датчика). М-106 М формирует телеграмму (синоптическую или штормовую) и автоматически с помощью устройства автоматической передачи информации (АПИ-Абонент) осуществляет передачу данных.

Использование автоматических станций позволило повысить точность и объективность наблюдений, значительно облегчило и упростило наблюдения за МДВ и ВНГО особенно в темное время суток. Станции дают возможность обеспечить полную синхронность наблюдений во всех пунктах, сократить сроки передачи информации, проводить непрерывные (или достаточно частые) наблюдения за метеопараметрами, которые могут стать опасными. Особо важное значение имеет открывающаяся возможность отмены на части станций ночных дежурств и переход на работу наблюдателя только в дневное время. Это не только высвобождает часть работников, но и позволяет значительно улучшить условия труда особенно для женщин, составляющих основную массу наблюдателей. Ниже рассматриваются некоторые итоги проводимого в Гидрометслужбе Белоруссии эксперимента по работе без ночных дежурств. Существенной особенностью этого эксперимента является задача получения на станции, работающей без ночных дежурств, практически полного объема информации, необходимой для оперативной работы и режимных обобщений.

Переход на работу без ночных дежурств требует решения ряда технических и методических вопросов, среди них наиболее важные — обеспечение надежности работы станции и реализация штормовой логики, соответствующей запросам потребителей, разработка режима, оптимально сочетающего возможности М-106 М и наблюдателя, восстановление по метеоэлементам, наблюдаемым станцией, явлений, о которых М-106 М не дает информацию. Автоматические метеостанции являются только одним звеном комплексной автоматизированной системы наблюдений, поэтому для решения части из поставленных вопросов могут быть привлечены и другие ее звенья, в частности, метеорологические радиолокаторы (МРЛ), можно использовать большие счетные возможности ЭВМ. Необходимо, конечно, иметь ввиду, что автоматика не может полностью заменить наблюдателя и, вероятно, стремление к такой полной замене не является самым перспективным. Хотя получающиеся при этом результаты наиболее привычны и легко вписываются в существующую систему, должны разрабатываться новые методы использования информативных возможностей автоматических средств наблюдений. Это, в первую очередь, относится к информации о количестве и формах облачности.

Программа работ наблюдателя на станциях, где отменены ночные дежурства, предусматривает следующее. Дежурства проводятся в дневное время с 8 до 22 часов, в это время наблюдатель, используя автоматическую станцию, обеспечивает полный объем наблюдений, штормовой информации, контролирует работу автоматической станции, проводит профилактический уход за станцией, обслуживает народно-хозяйственные организации. В связи с отсутствием датчиков, наблюдатель измеряет экстремальные температуры воздуха и почвы в 9 и 21 час, измеряет в 12 часов температуру почвы на больших (более 40 см) глубинах, в холодное время определяет количество твердых осадков, ведет наблюдения за снежным покровом и гололедно-изморозевыми отложениями. Данные об остальных количественно измеряемых метеоэлементах берутся по автоматической станции. При этом пришлось отказаться от определения температуры поверхности почвы, т. к. измерение ее только в дневное время не имеет смысла. Кроме того в оперативной синоптической информации этот элемент не используется, а для климатических целей он достаточно надежно определяется по экстремальным температурам. Наблюдатель проводит полный объем наблюдений за облачностью и атмосферными явлениями. Используя автоматическую станцию, он ведет открытым текстом полную штормовую информацию в соответствии с действующими инструкциями. Если заранее известно, что автоматическая станция ночью не обеспечит штормовую информацию (выход из строя штормового канала, неисправность АПИ, отключение электроэнергии), то наблюдатели переходят на круглосуточное дежурство.

Поскольку данные автоматической станции (АС) полностью используются для оперативных целей и климатических обобщений, очень важен контроль за ее работой и своевременно обнаружение возможных систематических ошибок станции. Контроль за работой станции проводится переодическими параллельными наблюдениями. Информация АС может быть использована в режимных обобщениях в том случае, если среднемесячные значения метеопараметров, определенные по АС и обычной метеостанцией (МС), различаются на величину, меньшую, чем допустимые межстанционные расхождения. Для всех элементов допустимые среднемесячные расхождения АС и МС определялись таким образом, чтобы они с вероятностью 95% (для влажности 90%) не приводили к превышению допустимой величины межстанционной невязки, применяемой для оценки качества обычной метеорологической информации.

Данные АС считаются надежными в том случае, если величина среднемесячных расхождений с МС не превышает следующих значений:

температура воздуха	±0,3°
точка росы	±0,4° (при влажности ≧ 70%)
	±0,6° (при влажности 50—69%)
давление	±0,2 мб
скорость ветра	±0,6 м/с
направление ветра	±22,5°

При этом учитывается и величина отдельных срочных расхождений.

Проведенный анализ показал, что вполне надежно судить о величине среднемесячных расхождений можно по декадному осреднению разности АС—МС за два срока: 9 и 21 час.

Определяющее значение для качества штормовой информации имеет выбор оптимальной штормовой логики. На нынешнем этапе штормовая информация АС должна быть достаточно близка по содержанию к информации наблюдателя. При этом необходимо учитывать, что непрерывный опрос создает перегрузки аппаратуры, особенно датчика ВНГО, редкий опрос может привести к запаздыванию и даже потере штормовой информации, подача шторма по первому сигналу может оказаться необоснованной, значительная задержка сигнала — нежелательна. Так например, выдача шторма по ВНГО по однократному подтверждению штормового значения высоты привела к тому, что АС формировала в 2 раза больше штормовых телеграмм, чем наблюдатель, причем почти по всем таким „лишним" телеграммам уже через 15 минут давался отбой. Накопленный опыт работы, опробывание различных вариантов позволили выбрать следующий режим штормового слежения. Наблюдения за ветром ведутся непрерывно и штормовая телеграмма выдается при превышении штормового порога скорости ветра (12 м/с) при четырех последовательных опросах, идущих друг за другом через 2, 56 сек. Проверка этого режима показала, что АС в подавляющем большинстве случаев выдает шторм практически одновременно с наблюдателем. При этом не было случаев „лишних" телеграмм, поданных АС и не подтвержденных наблюдателем. В нескольких случаях АС не подала шторм тогда, когда он был подан наблюдателем. Скорее всего это объясняется тем, что штормовое значение скорости не подтверждалось четырехкратно, а наблюдатель дал шторм по первому порыву или даже с некоторым „запасом". Во всех этих случаях это были кратковременные шторма и, если в период шторма попадал синоптический срок, то средняя скорость по данным АС и наблюдателя была меньше штормового порога. Опрос датчиков МДВ и ВНГО производится каждые 30 минут, а при наступлении штормовой ситуации — через 15 минут. Телеграмма „шторм" выдается, если при опросе трехкратно (измерения через 30 сек) подтверждается штормовое значение МДВ (меньше 4 км) или ВНГО (ниже 300 м). Аналогичный режим предусмотрен для гололеда. Опрос через 30 минут естественно может привести к задержке штормтелеграммы теоретически до 30 мин, средняя задержка должна составлять 13—15 мин. Однако сравнение с информацией наблюдателя попоказывает, что задержка, более, чем в 60% случаев, не превышает 10 минут. Это естественно, т. к. наблюдатель не может обеспечить непрерывное слежение, а поэтому тоже несколько запаздывает с телеграммой. Если учесть, что рассматривается работа в темное время, когда запаздывание у наблюдателя больше (имели место случаи, когда навьюдатель подавал телеграмму через 10—20 минут после станции), то можно считать, что предложенный режим опроса практически не приводит к заметному снижению оперативности по сравнению с наблюдателем. За период более полугодовой проверки не было ни одного случая, когда бы автоматическая станция пропустила шторм по МДВ или ВНГО, выданный наблюдателем. С другой стороны трехкратное подтверждение достаточно надежно свидетельствует о наличии штормовой ситуации. Телеграммы о кратковременном снижении МДВ или ВНГО составляют всего несколько процентов. Т. о. можно считать, что предложенный алгоритм штормового слежения за ветром, МДВ и ВНГО и выдачи штормтелеграмм достаточно хорошо соответствует обычным наблюдениям. В штормовой телеграмме приводятся данные о всех трех штормовых параметрах (ветре, МДВ и ВНГО), кроме этого предусмотрена возможность включения в нее характеристик гололедного отложения при подключении к станции соответствующего датчика. Наличие сведений о всех параметрах существенно обогащает телеграмму и дает более полное представление о складывающейся обстановке.

Кроме телеграммы о начале явления АС выдает телеграммы об усилении: по ветру при скоростях 15, 20 и далее через 5 м/сек, по МДВ при значениях 2000, 1500, 1000 и 500 м, по ВНГО — 200, 100 и 50 м. Это дает более детальную картину штормовой ситуации, но приводит к некоторому количеству дополнительных, по сравнению с наблюдателем, телеграмм.

При окончании штормовой ситуации наблюдатель обычно некоторое время выжидает прежде, чем дать телеграмму отбоя (по действующей инструкции разрешается до 20 мин). Он ждет достаточно устойчивого улучшения. В штормовом алгоритме АС эта задача решается следующим образом: отбой по МДВ и ВНГО дается при значениях 4500 м и 350 м соответственно, т. е. больших, чем штормовые пороги. Анализ материалов показывает, что такая задержка в значительной мере исключает „дергание" станции при отбое, когда за телеграммой отбоя при следующем опросе (через 15 мин) выдается телеграмма „шторм". Число таких случаев по МДВ и ВНГО составляет 6—8%. Попытка аналогичной задержки по ветру (отбой при скорости 10 м/сек) оказалась неудачной. Это объясняется временной структурой скорости ветра. Анализ регистрации скорости ветра показывает, что в течение 1—2 минут она может меняться от 13—15 м/сек до 4—6 м/сек и опять увеличиваться до штормовых значений. В результате телеграммы „шторм" и отбой в большом количестве следовали друг за другом. В таблице приведены данные о повторяемости различных интервалов времени между порывами ветра:

Время между порывами (мин)	≦4	5—10	11—15	16—20
Число случаев	243	40	26	12
%	66,4	10,9	7,2	3,4

Время между порывами (мин)	21—30	31—40	41—60	>60
Число случаев	11	2	12	20
%	2,9	0,5	3,3	5,4

Как видно из таблицы, почти в 70% случаев после порыва в ближайшие 4 мин. можно ожидать следующий порыв. Поэтому, если сразу после окончания порыва дать отбой, то уже через несколько минут необходимо будет давать шторм. Если же отбой задержать на 15 мин, то вероятность шторма в последующие 25 мин составляет всего 7%. Соответственно и был уточнен алгоритм отбоя по ветру: отбой дается через 15 мин после прохождения скорости через штормовой порог (в сторону уменьшения), если в течение этих 15 мин не наблюдалось ни одного штормового значения скорости. Реализация этого алгоритма резко уменьшила число „лишних" штормтелеграмм по ветру.

Необходимо отметить еще некоторые особенности. Первоначально предполагалось в случае шторма по нескольким элементам, давать телеграмму отбоя при полном снятии штормовой ситуации. Это приводило не только к значительной задержке отмены шторма по одному из элементов (пока другой имел штормовое значение), но и к пропуску штормовой информации. Поэтому было принято решение о выдаче отбоя по каждому элементу (если по другому элементу наблюдается шторм, то в соответствии с инструкцией телеграмма идет с индексом „шторм").

В тумане измерение ВНГО бессмысленно, включение в этом случае в штормовую телеграмму по МДВ значения ВНГО может ввести в заблуждение потребителя, а в отдельных ситуациях привести к потере действительного шторма по высоте облачности. Поэтому в алгоритм станции было заложено требование запрета измерения высоты облачности при тумане.

Для ряда отраслей народного хозяйства необходимы штормтелеграммы о начале осадков. Поскольку тут не нужны количественные характеристики, а достаточно сообщения о факте осадков, такие телеграммы выдаются со специальным значением однозначного индекса (он может означать шторм, отбой, начало или конец осадков, выключение света). Такая „окраска" телеграммы существенна и для решения вопроса, какими причинами вызвано ухудшение видимости (туман, мгла, осадки). К сожалению, в настоящее время имеется возможность сообщения о начале и окончании только жидких осадков. Датчиков или сигнализаторов твердых осадков пока нет, и это существенно обедняет шторминформацию станции в холодное время года (в частности, нет оперативной информации, по которой можно было бы делать заключение о наличии метелей при нештормовых значениях скорости ветра).

В темное время суток штормовая информация по грозе выдается не станцией, а метеорологическим радиолокатором (МРЛ), в зоне деятельности которого находится станция. При обнаружении грозы в квадрате 30 × 30 км, включающем станцию, штат МРЛ передает соответствующим организациям открытым текстом необходимую телеграмму. Такая форма обслуживания вполне оправдала себя, при этом следует также иметь ввиду, что наиболее активная грозовая деятельность приходится на светлую часть суток, когда на станции есть наблюдатель.

Некоторые количество штормовых телеграмм по видимости было выдано в связи с местным помутнением, вызванным дымом от печей. Обычно топка печей к 22 часам оканчивается и дежурный наблюдатель может скорректировать информацию АС. Но очервидно, что здесь трудно сделать какие-либо общие заключения. Это обстоятельство необходимо учитывать при размещении датчика видимости.

Кал было отмечено, станция М-106 М в настоящее время не оснащена надежным датчиком гололедных отложений. Поэтому, несмотря на наличие соответствующего штормового канала, испытать и отработать штормовую логику по гололеду пока нельзя было. Обычно гололед, начавшийся в ночные часы, продолжается и после 8 часов, когда наблюдатель может дать соответствующую телеграмму. Однако телеграмма о начале явления при этом может существенно опаздывать. Поэтому для обеспечения полноты штормовой информации необходимо оснащение станции М-106 М надежным датчиком гололедных отложений.

Учитывая сказанное, можно считать, что при оснащении АС датчиками гололеда и твердых осадков ее штормовая информация будет достаточно близка к существующей информации наблюдателя (а в ряде случаев и более точна и оперативна) и вполне удовлетворит требования оперативного обслуживания и потребителей. При этом предложенные алгоритмы штормовой логики для ветра, МДВ и ВНГО близки к оптимальным.

Использование данных наблюдений АС в синоптические сроки предъявляет к ним определенные требования по точности.

В табл. 1 приведены результаты проверки точности АС за полугодие.

И в отдельные сроки расхождения были, в основном, в пределах допуска (табл. 2).

Таким образом, материал АС вполне пригоден для всех видов использования. Опасения вызывает только работа датчика точки росы при низких температурах (как видно из таблицы, в январе отклонения больше допуска). Опыт показывает, что используемый в настоящее время датчик точки росы станции М-106 М при температуре ниже —10 °С работает ненадежно.

Для получения от станций, работающих без ночных дежурств, достаточно полной информации были разработаны методы и алгоритмы восстановления явлений, за которыми не ведутся наблюдения в темное время суток. Исследования показывают, что данные АС позволяют установить факт наличия большинства атмосферных явлений: тумана, метели, мглы, дымки, пыльной бури, осадков (без подразделения на виды и разновидности). Явления, связанные с кучево-дождевой облачностью — град, грозы, могут быть восстановлены, как указывалось выше, с помощью МРЛ, в зоне деятельности которого находится станция. При этом явление определяется не только над станцией, но во всем квадрате 30 × 30 км, в котором расположена станция [1].

В восстановлении большинства атмосферных явлений ведущую роль играет метеорологическая

Таблица 1. Среднемесячные расхождения АС и МС.

Метеоэлементы	Месяцы					
	I	II	III	IV	V	VI
Температура воздуха, °С	—0,1	—0,1	—0,1	—0,2	—0,2	—0,3
Точка росы, °С	—0,5	—0,1	—0,3	—0,3	—0,4	—0,3
Давление, мб	—0,1	0,0	—0,1	—0,1	0,0	0,2
Скорость ветра, м/с	0,0	0,0	—0,1	—0,1	0,0	0,0
Направление, °		—22	5	—	—7	—15

Таблица 2. Повторяемость (%) отклонений АС и МС за отдельные сроки. Апрель — май.

Элементы	Градации				
	0,0—0,3	0,4—0,5	0,6—1,0	1,0—2,0	>2
Температура воздуха, °С	65	27	8	—	—
Точка росы, °С	36	24	31	8	1
Давление, мб	90	8	1	—	1
Скорость ветра, м/с	100				

Элементы	Градации		
	0—20	30—50	>50
Направление ветра, град	86	11	3

Таблица 3. Метеорологические условия, определяющие атмосферные явления

Атмосферные явления	Видимость км	Относительная влажность %	Ветер, м/с	Температура воздуха, °C	Наличие осадков в осадкомерном ведре, мм	Наличие сухого рассыпчатого снега	Примечание
Туман			≧0	>0			
	<1	>80	0—6	≦0	≦1,5		
			≧7	≦0	≦0,5	нет	
Метель	<10	>50	≧7	≦0	есть	есть	
Поземок	>10	>50	≧7	≦0		есть	
Дымка			≧0	>0	нет		
	1—10	>50	0—6	≦0	нет		
			≧7	≦0	нет	нет	
Дымка с осадками			≧0	>0	есть		Наличие дымки
	1—10	>50	0—6	≦0	есть		до 22 ч и после 8 ч
Мгла	0—10	<50	0—6				
Пыльная буря	0—2	<50	≧7	>0	нет твердых осадков	нет	
Осадки					есть		

дальность видимости, так как ее ухудшение уже свидетельствует о наличии какого-либо явления. Достаточно информативными оказались такие метеоэлементы, как скорость ветра, температура и влажность воздуха [2]. В табл. 3 приведен алгоритм восстановления атмосферных явлений. Этот алгоритм, заложенный в ЭВМ, принимающую синоптические телеграммы, позволяет оперативно определять наличие атмосферных явлений на станции и использовать эти данные при составлении прогнозов. Для режимных целей необходимы сведения не только о наличии явлений, но и об их продолжительности. С целью восстановления продолжительности явлений станции оснащается самописцами скорости ветра, видимости, плювиографом, термо- и гигрографом. Точность восстановления метелей существенно повысится при оснащении станции датчиком-самописцем твердых осадков. Для восстановления гололедных явлений необходимо усовершенствование датчика гололеда.

В табл. 4 приведены результаты восстановления наиболее важных атмосферных явлений теплого времени и их продолжительности. Сопоставление полученных результатов с данными соседних станций показывает хорошую согласованность. Увеличение продолжительности дымки при восстановлении связано с тем, что наблюдатели не всегда отмечают слабую дымку, которая четко обнаруживается по данным самописца.

Отсутствие датчика и самописца твердых осадков не позволяет проводить определение продолжительности атмосферных явлений в холодный период года. Станции восстанавливают лишь

Таблица 4. Сопоставление результатов восстановления атмосферных явлений по АС с осредненными данными соседних метеостанций (МС)

Месяцы	Число дней с				Продолжительность (ч)			
	туманом		дымкой		тумана		дымки	
	АС	МС	АС	МС	АС	МС	АС	МС
III	10	8	22	23	45	44	436	400
IV	5	4	29	26	10	10	496	383
V	1	2	15	14	2	4	140	120
VI	2	3	22	22	6	7	284	232
Сумма	18	17	88	85	63	65	1356	1135

факт наличия определенного явления в ночное время.

Для восстановления недостающей информации по облачности могут быть использованы данные МРЛ, данные АС по ВНГО, наличию осадков, величине МДВ и информация облачности на соседних станциях. Выполненные разработки показывают, что среднемесячное количество облачности по этим данным определяется с точностью до 0,5 балла. Использование данных МРЛ позволяет получить качественно новую более богатую информацию по формам облачности [3].

В настоящее время в Белоруссии без ночных дежурств работают три станции. На них отрабатываются все вопросы, связанные с деятельностью станций в таких условиях.

Выводы

1. Предложенный алгоритм штормовой логики по ветру, МДВ и ВНГО обеспечивает близкую к оптимальной работу автоматической станции в штормовом режиме.
2. При оснащении станции М-106 М датчиками гололеда и твердых осадков она обеспечит вполне достаточный для оперативного обслуживания объем штормовой информации.
3. Информация выдаваемая станцией М-106 М (при наличии датчиков гололеда и твердых осадков) достаточна для восстановления по предложенным алгоритмам основных атмосферных явлений, а при наличии самописцев — и их продолжительности. Для восстановления количества облачности необходимо дополнительно использовать данные МРЛ и соседних станций.
4. При работе без ночных дежурств на станциях, оснащенных М-106 М, можно получить основной объем информации, необходимой для оперативной работы и режимных обобщений.
5. Использование автоматических станций М-106 М позволяет на части станций отменить ночные дежурства без существенной потери информации.

Литература

[1] Гольберг, М. А., Артеменок, С. В., Матвеева, Л. И., Грозы на территории Белоруссии по данным МРЛ. НИИГМП, Информационные материалы по гидрометеорологическим приборам и методам наблюдений, 1974, сб. 61, с. 71—78.

[2] Гольберг, М. А., Волобуева, Г. В., Таутиева, З. Х., Некоторые методические вопросы эксплуатации автоматической станции УАТГМС-4. НИИГМП, Информационные материалы по гидрометеорологическим приборам и методам наблюдений, 1974, сб. 61, с. 13—18.

[3] Дивинская, Б. Ш., Алгоритмы комплексной обработки данных наблюдений за облаками на сети метеостанций и метеорологических радиолокаторов. Труды ГГО, 1976, вып. 383, с. 85—90.

Arbeiten auf dem Gebiet der Geber und Meßwandler der automatischen meteorologischen Stationen

von T. Wojciechowski, E. Michałczewski (VRP)

Zusammenfassung

Analysiert werden Geber und Wandler für die Messung der Temperatur, der Feuchtigkeit, des Luftdrucks, der Windrichtung und Windgeschwindigkeit sowie der Analog-Frequenzwandler. Dabei wird festgestellt:

1. Eine Standardisierung der Konstruktion der Geber, aber auch der Signalgrößen und der Meßwandlerbereiche würde eine beachtliche Universalität der Systeme und die Möglichkeit eines Austauschs der Geber und Wandler bringen.

2. Die Einführung einer homogenen Standardisierung durch viele Länder könnte eine weit fortgeschrittene Kooperation und Zusammenarbeit in der Produktion der Geber und Meßwandler für den Bedarf der Hydrometeorologie fördern.

3. Die Einführung von Systemen elektronischer Meßwandler mit Standard-Ausgangssignalen in den internationalen hydrometeorologischen Dienst würde in Zukunft eine Automatisierung des gesamten hydrometeorologischen Netzes erleichtern.

Работы в области датчиков и преобразователей автоматических метеорологических станций

Т. Войцеховский, Е. Михальчевски

Отдел измерительной аппаратуры ГМС ПНР в настоящее время ведет исследования над новыми измерительными датчиками и преобразователями, которые бы отвечали определенным требованиям и могли работать в произвольных составах автоматических станций и в измерительных системах, применяемых в гидрологии. Разнородность контрольно-измерительной аппаратуры, применяемой в разных отраслях ведет к необходимости применения в измерительных преобразователях нормализированных выходных сигналов. В простых решениях этих преобразователей (не снабженных усилителями) нормализируется ток или напряжение и резистанцию в выходной цепи. Благодаря применению усилителей расширяется применение преобразователей с отрицательной обратной связью, с так называемыми принудительными выходными сигналами не изменяющимися с изменениями резистанции нагрузки широких диапазоных. Кроме того, считается необходимой стандартизация выходных сигналов аналоговых измерительных преобразователей, предусмотренных для применения в метеорологии.

Для преобразователей с принудительными выходными сигналами предлагается:

0—5 мА (в некоторых случаях 0—1 мА или 0—20 мА)	— принудительный сигнал тока для проводной аналоговой телеметрии на близкие расстояния (несколько километров) и местной аналоговой регистрации;
0—10 V	— в преобразователях прямо взаимодействующих с цифровыми устройствами или в случае местной математической обработки сигналов

Это типичные сигналы измерительных преобразователей и других входных устройств систем для целей контроля и промышленной регуляции, производимых в Польше и других странах СЭВ (напр. система УРС). Применение таких же самых стандартных сигналов позволяет использовать для целей метеорологии ряд аналоговых блоков этих систем и их соединение с информационными системами. Кроме того, в каналах аналоговой частотной телеметрии применяется в передатчике преобразование аналоговых сигналов на частотные сигналы 5—15 Гц, а в приемнике преобразователи этого сигнала снова на аналоговые сигналы. Целесообразность применения такого телеметрического сигнала в измерительных системах для целей гидрологии и метеорологии требует еще подробного рассмотрения.

Датчики и преобразователи для измерения температуры

Ведутся исследования над двумя типами измерительных датчиков и преобразователей:

1. Измерительный преобразователь с платиновым терморезистором
2. Измерительный преобразоваталь с нового рода датчиком температуры (солионовым датчиком) (*I*).

Измерительный преобразователь с платиновым датчиком. На рис. 1 представлена схема измерительного преобразователя для взаимодействия с измерительным датчиком PT 100 [2]. В этой схеме терморезистор соединен четырьмя проводами с управляемым источником тока и усилителем с большой входной резистанцией. Благодаря тому характеристика преобразователя не зависит от резистанции проводов, соединяющих датчик. Вся схема является усилителем напряжения с входным блоком, являющимся управляемым источником тока *I* и выходным блоком, образующим дифференциальный усилитель *W*, причем выходной ток источника тока I_x дополнительно зависит от величины резистанции датчика путем сцепления входа источника *I* с выходом дифференциального усилителя. Входное напряжение схемы

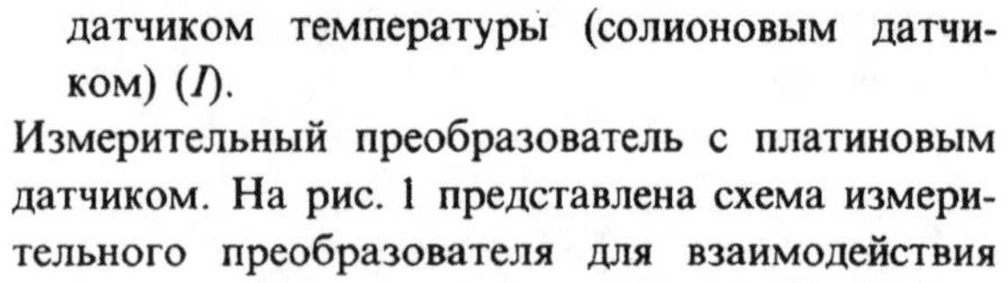

Рис. 1. Измерительная схема с линеаризацией термометрических резисторов

1 — Источник тока, 2 — Дифференциальный усилитель сумматор

I поступает от интегрального стабилизатора напряжения с большой точностью стабилизации.

Применение коррекции возвратной связи позволяет получить линейную характеристику напряжения в широком диапазоне измерений температуры, измеряемой датчиком. Дополнительные три степени усиления позволяют формировать соответствующий диапазон измерений напряжения и изменений выходного тока преобразователя таким образом, чтобы можно было подключиться непосредственно считывающей системы (считывание в действительных величинах) или к системе резистанции. Выходное напряжение со значением пропорциональным температуре можно преобразовать на частотный сигнал при использовании дополнительного преобразователя. Конструкция преобразователя в панельном решении с использованием печатных схем и интегральных элементов. Платиновый датчик типа OPT 3 (KFAP) помещается внутри специальной защиты (клетки) (рис. 2), охраняющей от механических повреждений, солнечной радиации и обеспечивающей надлежащее течение воздуха.

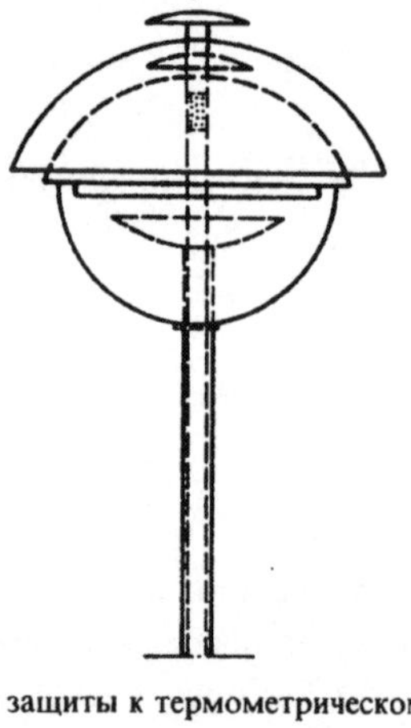

Рис. 2. Разрез защиты к термометрическому резистору

Преобразователь с солионовым датчиком температуры [1]

Основной характеристикой солионового датчика температуры является зависимость между током и температурой при постоянном напряжении питания (рис. 3а). Характеристики преобразования солионовых датчиков температуры подбираются технологическим путем так, чтобы в требуемом измерительном диапазоне их можно было аппроксимировать прямой линией. Уравнение этой прямой можно представить в виде:

$$I = aT + I_0 \qquad \text{(рис. 3a)}$$

Температурная чувствительность, определенная соотношением перемены тока к вызывающей ее

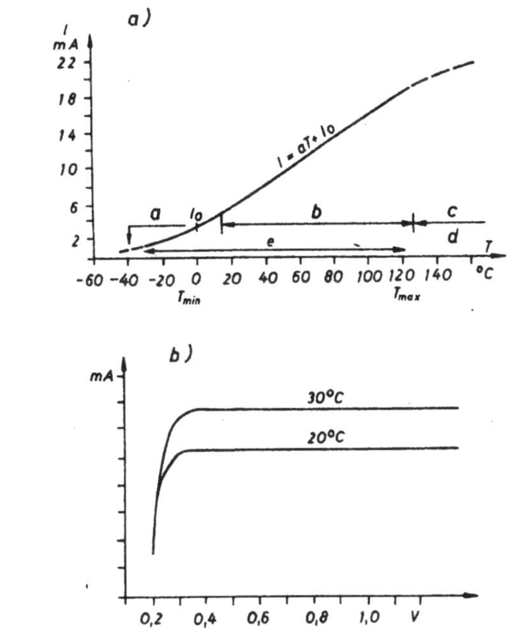

Рис. 3. Характеристика солионового преобразования преобразователя температуры

a — застывание электролита,
b — простолинейный участок характеристики,
c — нестабильность тока,
d — возможность повреждения преобразователя
e — полезный диапазон

перемене температуры, постоянна в диапазоне прямолинейного участка характеристики преобразования. Пределы характеристики преобразования определены граничными температурами $T_{\text{МИН}}$ — $T_{\text{МАХ}}$, достижение которых может привести к длительному повреждению датчика. Граничные температуры возникают из температур замерзания и кипения электролита. Полезный диапазон температуры преобразователей значительно превышает пределы 0—100 °C. Это вызвано зависимостью температуры застывания и кипения электролита от его состава, концентрации а также от давления внутри преобразователя. Вид датчика

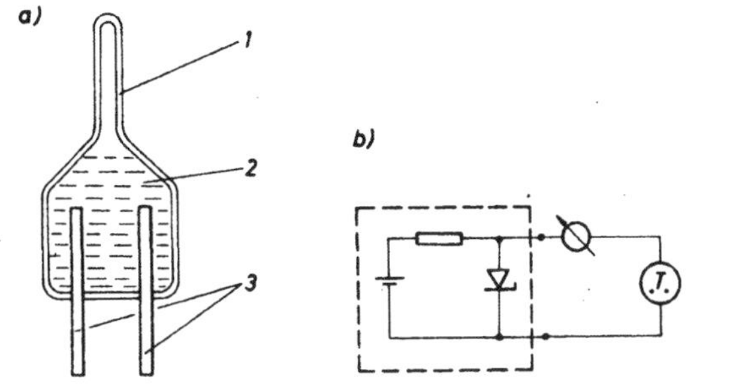

Рис. 4. Констукция солионового датчика температуры и его схема работы (по Чаевскому [1])

а) *1* — стеклянная защита
2 — электролит
3 — платиновые электроды

ь) Схема питания

и измерительная схема солионового преобразователя представлены на рис. 4. Плоский ход характеристики ток — напряжение солионовых датчиков температуры — рис. 3а, делает независимой в значительной степени величину выходного сигнала схемы преобразователя от изменений напряжения питания в пределах 0,3—0,9 V. Поэтому применение в метеорологии преобразователей температуры с солионовым датчиком представляется весьма перспективно. В настоящее время есть намерения провести испытания по поведению этих датчиков во время их работы в полевых условиях эксплуатации.

Датчики и преобразователи измерения влажности

В настоящее время ведутся исследования над преобразователями, используемыми для измерений влажности психрометрическим методом и методом с хлористолитиевым датчиком температуры точки росы.

В психрометрическом методе основываемся на конструкции датчика, используемого метеорологической службой ГДР. Электронная схема преобразователя подобна схеме преобразователей для измерения температуры. Во втором методе, с хлористолитиевым датчиком температуры точки росы, опираемся на производимых серийно в ПНР датчиках типа CW1 (KFAP). Такой датчик помещается в специальной защите (рис. 5), которая при любом состоянии окружающей атмосферы обеспечивает скорость расхода воздука не большую, чем 0,5 м/сек. При этих условиях получаем наиболее точное измерение влажности.

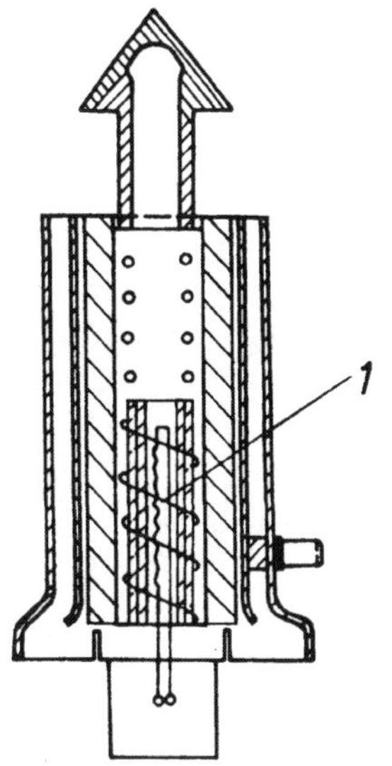

Рис. 5. Разрез защиты к хлористолитиевому датчику
1 — хлористолитиевый датчик

Датчик для измерения давления

Для вступительных исследований создан датчик атмосферного давления. Датчик состоит из комплекта мембранных банок Веди, помещенных на общей оси и действующих совместно с мостовым тензометрическим преобразователем, выполненным из четырех тензометров, наклеенных на специальный стальной стержень. Используемый комплект мембранных банок типа BOI-Z6A/2 (WSK) термически не скомпенсирован и поэтому для его работы необходим биметаллический компенсатор типа 556 zII (WSK). Величина компенсации регулируется и существует возможность прилаживания к комплекту банок. В интервале давления 680—800 ммHg (905—1065 hPa) приращение длины банок составляет 1,3—1,9 мм. Максимальная сила давления на тензометрический стержень —5 N, что дает относительное удлинение или сокращение тензометров на 0,5%. В датчике используются тензометры ленточные, выполненные из константановой фольги. Электронная схема входа, непосредственно взаимодействующая с тензометрическим мостиком служит для усиления примерно в 100 раз симметричного сигнала постоянного тока с измерительного мостика, а также для введения сигнала, компенсирующего влияние температуры на работу схемы. Компенсация выполняется термистором в цепи питания измерительного мостика. Выходное напряжение преобразователя составляет I У и дальше преобразуется в нормализированный сигнал. Точность измерения давления составляет ±0,5 мм Hg. Были также попытки использования полупроводниковых тензометров. Требуемая величина усиления входа составляет тогда около IУ/У. Для этих тензометров проблема температурной компенсации полностью еще не решена. Предусматривается также возможность использования мембран с тензометрами производства предприятия мера PNEFAL (Лиценция фирмы Honeywell).

Датчики и преобразователи для измерения скорости и направления ветра

Преобразователь мгновенной скорости ветра состоит из чашечного ротора, соединенного механически с осью трансформаторного преобразователя положения угла TS-3-C2 (Микрома). Блок-схема представлена на рис. 6. Схема преобразователя TS-3-C2 питается генератором С частотой около 2 кГц. На выходе получаем медленноизменяющийся частотой 0—100 Гц в зависимости от оборотов ротора а тем самым от скорости ветра. Посредством амплитудного выпрямителя и фор-

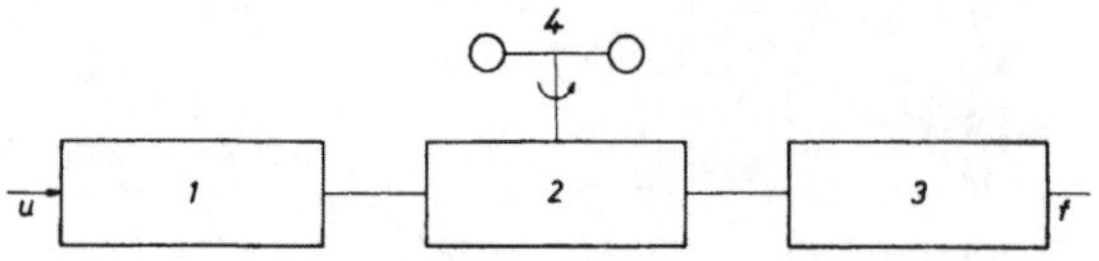

Рис. 6. Блок-схема приобразователя скорости ветра
1 — Питатель генератора 1,66 кГц, 2 — Трансформатор угла,
3 — Детектор и формирующая схема, 4 — Чашечный ротор

мирующей схемы получается сигнал в виде последовательности прямоугольных импульсов с частотой, пропорциональной скорости ветра. При измерениях скорости в диапазоне 0,8—40 м/сек получена точность ±0,5 м/сек.

В датчике для измерения направления ветра использован также трансформаторный преобразователь положения угла типа TS-3-C2. Ось этого преобразователя механически соединена с пультом управления, отклоняющимся соответственно измеряемому направлению ветра. Тесная механическая конструкция трансформаторного преобразователя положения угла TS-3-C2 с малым моментом инерции позволяет получить большую чувствительность и точность измерения. Блок схема измерительного преобразователя направления ветра изображена на рис. 7. Преобразователь TS-3-C2 требует питания двумя синусоидальными напряжениями частотой около 2,77 кГц, сдвинутыми взаимно на 90°. Выходной сигнал этого преобразователя синусоидальный и гальванически изолированный от цепи питания. Измерение угла состоит в измерении фазового сдвига между сигналом питающим трансформаторный преобразователь и выходным напряжением. Измерительный сигнал получаетмя в виде времени между склонами двух импульсов. Затем этот сигнал можно преобразовать в частотный или же в аналоговый нормализированный сигнал тока или постоянного напряжения.

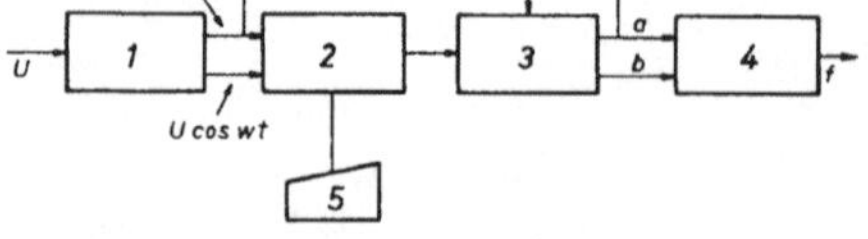

Рис. 7. Блок-схема преобразователя направления ветра
1 — Питатель генератор, 2 — Трансформатор угла,
3 — Формирующая схема, 4 — Измерительный генератор,
5 — Пульт направления,
a — старт, b — стоп

Аналого-частотный преобразователь

Для создания возможности перехода с аналоговых сигналов в дискретные сигналы разработан ана-

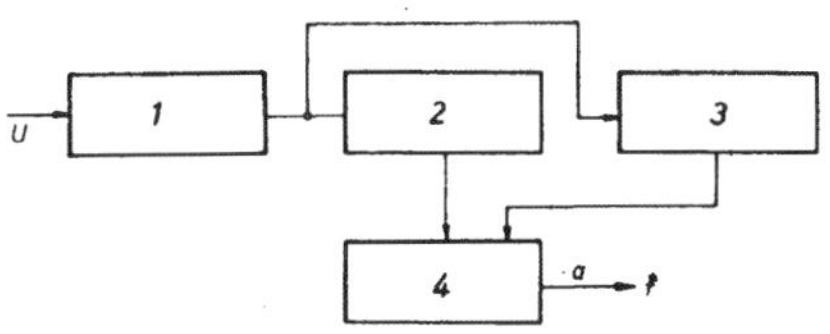

Рис. 8. Блок-схема преобразователя АС
1 — Входный усилитель, *2* — Динамическая резистанция источник тока 1, *3* — Динамическая резистанция источник тока II, *4* — Перестраиваемый мультивибратор, *a* — Выход

лого-частотный преобразователь. Блок схема этого преобразователя представлена на рис. 8 [3]. Ему свойственная очень большая точность преобразования напряжения на частоту. При замене входного напряжения с 1 mV до 9 V частота выходного сигнала изменяется со 100 до 1000 кГц с точностью 0,1%. Главным элементом схемы является „перестраиваемый мультивибратор", являющийся типичным мультивибратором нестабильным, с емкостями питаемыми постоянным током. Входной усилитель преобразует напряжение в ток. При постоянном токе I, постоянном напряжении питания схемы и постоянной емкости C время питания t_t является линейной функцией входного напряжения U_w, согласно формуле

$$t_t = \frac{U_w \cdot C}{J}.$$

Этот преобразователь применяется в случаях, когда требуется большая точность преобразования сигнала, к примеру, для измерения температуры в диапазоне —50 — +50 °C с точностью ±0,1 °C.

Выводы

1. Стандартизация конструкции датчиков а также величин сигналов и диапасонов измерительных преобразователей позволила бы на значительную универсальность систем и на возможность замена датчиков и преобразователей.
2. Введение однородной стандартизации многими странами могло бы способствовать далеко продвинутой кооперации и сотрудничеству в производстве датчиков и преобразователей для нужд гидрометеорологии.
3. Введение в международную гидрометеорологическую службу систем электронных измерительных преобразователей со стандартными сигналами выхода облегчилобы в будущем автоматизировать всю сеть.

Литература

[1] *Czajewski, J.*, Własności elementów solionowych i ich wykorzystanie do pomiarów temperatury. Prace Naukowe Politechniki Warszawskiej, 1977, s. 96—110.
[2] *Nawrocki, W.*, Analogowa linearyzacja rezystorów termometrycznych. Biuletyn Przem. Inst. Aut. i Pom. 6/56 1975 r. s. 31.
[3] Improving the linearity of voltage-to-frequency converter. Electronic Engineering April 1973 r. s. 22.

Windfernmeßnetz für Sturmwarnung

von M. Mezösi (UVR)

Entlang dem „Ungarischen Meer“, dem 600 km² großen Plattensee, betätigt sich seit 44 Jahren ein Sturmwarnungsdienst in den Sommermonaten unter der Leitung des Meteorologischen Dienstes der UVR. Dieser Dienst informiert die Wassersportler über die Windverhältnisse um den See und erläßt Warnungen durch Signalraketen bei sich nähernden Stürmen.

Der technische Stand der Sturmwarnung wird durch den Meteorologischen Dienst fortwährend verbessert. Die erste Windfernmeßanlage im Plattenseegebiet begann die Betätigung 1964. Diese Anlage hat die Winddaten in analoger Form und ohne Registriermöglichkeiten vermittelt. Anfang der siebziger Jahre wurde die Entwicklung eines neuen Digital-Windfernmeß-Systems begonnen. Über ein Funksystem werden die Daten durch Fernschreiber registriert. Mit den neuen Geräten wurde ein Versuchsbetrieb in den Sommermonaten der Jahre 1975 bis 76 durchgeführt. Auf Grund der Erfahrungen wird der Aufbau eines Fernmeßnetzes — bestehend aus 10 Stationen — begonnen. In dem Vortrag werden die technischen Parameter des Systems sowie die Erfolge des Versuchsbetriebs erörtert.

Technische Parameter

Die Windfernmeß-Station vermittelt die Informationen für die Sturmwarnung nach der Abfragemethode mittels Funktelemetrie in real-time-Betrieb und in digital kodierter Form. Die gemessenen Parameter sind:

- Windrichtung (Momentanwert).
- Mittlere Windgeschwindigkeit (der mittlere Wert der letzten Minute vor der Abfrage).
- Maximale Windgeschwindigkeit (maximaler Windstoß seit dem letzten Abruf).

Die Arbeitsweise des Systems

Das ständig betriebsfertige Funkgerät empfängt das Rufzeichen der Station, dann schaltet der Ruf-Dekodierer den Sender ein und triggert die elektronische Stufe. Die stetig erneuerten Windangaben werden durch die elektronische Stufe in Fernschreiberkode umgewandelt und durch den Sender ausgestrahlt. Die ganze Sendung — zusammen mit der

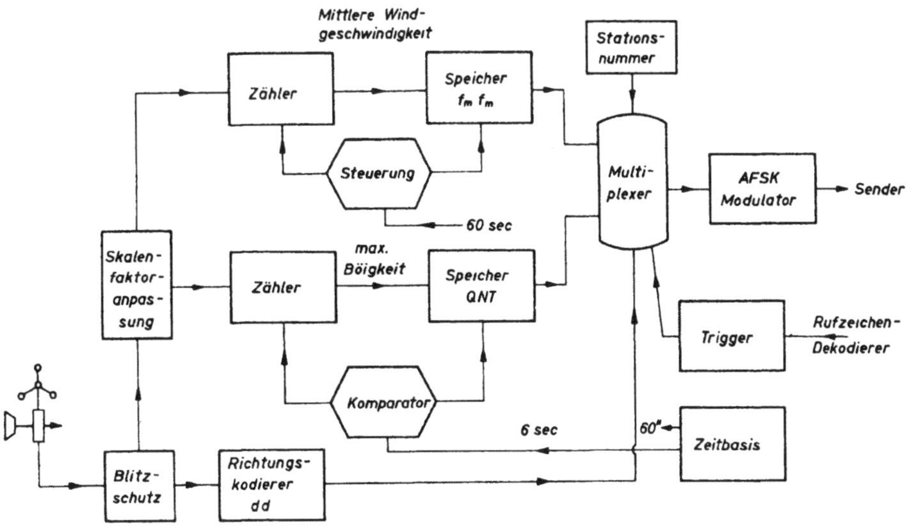

Abb. 1. Blockschema der elektronischen Stufe

Stationsnummer und mit den Steuerzeichen — dauert nur 2,4 Sekunden. Der wichtigste Teil der Station ist die elektronische Stufe, die dem Anemometer angepaßt ist, die rohen Daten in physikalische Einheiten konvertiert, die erneuten Windinformationen speichert und die FS-Zeichen regeneriert (Abb. 1.). Diese Stufe ist mit 50 IC als eine einzige Leiterplatte aufgebaut. Die Meßstation kann entweder vom Netz oder einer Batterie gespeist werden. Gegen Blitzentladungen ist das Gerät geschützt.

Die Abfrage der Meßstationen sowie das Ausschreiben der Uhrzeit wird durch die digitale Uhr der Zentralstation des Systems automatisch jede 15., 30. oder 60. Minute durchgeführt. Die Rufsignale der einzelnen Stationen folgen einander in 5 Sekunden. Die Zeit zwischen zwei Rufzeichen reicht für den Empfang der Meldung der gerufenen Station aus.

Die Fernübertragung wird auf dem 160 MHz-UKW-Band durchgeführt, auf demselben Kanal, auf dem die SYNOP-Meldungen der 10 Stationen (I. Kategorie) des Meteorologischen Dienstes jede Stunde gesammelt werden.

Die Auswertung des Betriebsversuches

An dem zweijährigen Versuch haben zuerst eine, später zwei Stationen teilgenommen. Während dieses Zeitraumes wurden mehrere methodische und technische Schlußfolgerungen gezogen:

— In einem Mehrzweck-Funknetz wurde die Priorität der SYNOP-Meldungen immer gesichert und daneben durchschnittlich nur 1,5% der automatischen Windmessungen durch Nachrichtenverkehr in dem Funknetz vereitelt.

— Die lokale Verarbeitung und Speicherung der Winddaten hat sich bewährt.

— Die ohne Fehlerschutz arbeitende Fernübertragung funktionierte zuverlässig: 1976 sind bei 0,3% der Meldungen Übertragungsfehler vorgekommen. Die Fehlerquoten der zwei Stationen betrugen $5 \cdot 10^{-3}$ bzw. $3 \cdot 10^{-4}$.

— Die Zuverlässigkeit der Anlagen und des ganzen Systems war nicht befriedigend, da der gewünschte MTBF-Faktor von 10000 Stunden nicht erfüllt wurde. Es ist interessant zu bemerken, daß sich die komplizierteste Einheit der Anlage als die zuverlässigste bewährte. In der elektronischen Stufe der 3. Generation ist kein Fehler während der 36 Monate der Betriebszeit dieser Stufe vorgekommen.

Schlußfolgerungen

Hinsichtlich des relativ einfachen und ökonomischen Aufbaus der Windfernmeßanlage wird im MD der UVR das beschriebene System auch für die Fernmessung anderer Elemente in kleinen, lokalen Meßnetzen genützt. In erster Linie ist die Niederschlagstelemetrie geplant, z. B. in landwirtschaftlichen Produktions-Systemen sowie für die Eichung der Niederschlagsmessungen mittels Radiolokatoren.

Vorbereitung der Automatisierung des Stationsnetzes in der ČSSR

von V. JIROWSKI (ČSSR)

Die Datengewinnung ist eine der bedeutendsten Aufgaben des meteorologischen Dienstes. Für die Organisierung dieser Arbeiten ist die steigende Automatisierung bei der Messung, Übertragung und Speicherung der Daten wichtig.

Der Meteorologische Dienst der ČSSR geht bei der Planung der Automatisierung des Stationsnetzes von folgenden Voraussetzungen aus:

1. handelt es sich um eine technisch und ökonomisch anspruchsvolle Aufgabe und daher ist eine mehrjährige systematische Vorbereitung notwendig,
2. wird durch das Netz der automatischen Stationen das mit meteorologischen Beobachtern besetzte Grundnetz ergänzt,
3. werden die Messungen nur auf wichtigste Elemente und auf bestimmte Werte beschränkt,
4. bei der beschränkten Anzahl der bestehenden Stationen und bei der Änderung des Beobachtungsregimes ist es notwendig zu berücksichtigen, daß die 30jährige Beobachtungsreihe im ausgewählten Netz der WMO (der Zeitraum 1961—1990) abgeschlossen werden muß. Es ist außerdem notwendig, die langjährigen Beobachtungsreihen mittels traditioneller Methoden zu beenden und nur einige Reihen fortzusetzen.

Vorgesehene Organisierung des meteorologischen Stationsnetzes und Beobachtungen in der ČSSR

Grundlage des Netzes meteorologischer Stationen sind die hauptamtlich besetzten Stationen, die nicht nur von Beobachtern, sondern auch von dem technischen und Verbindungspersonal besetzt werden. Ihr Programm besteht nicht nur in einigen Messungen und Beobachtungen, sondern auch im Sammeln von Informationen der automatischen Stationen und der Übergabe an das Zentrum, in der Überführung auf Medien, die für den Rechner geeignet sind, und weiter in einigen elementaren Datenbearbeitungen sowie in der technischen Überwachung und Instandhaltung des Netzes der automatischen Stationen. Die vorgesehene Anzahl der Stationen beträgt etwa 40 bis 50. Die automatischen Stationen werden das bisherige Netz von etwa 300 klimatologischen Stationen ersetzen, die mit nebenamtlichen Beobachtern besetzt sind. Diese Anzahl sollte den Datenbedarf in dem verhältnismäßig komplizierten und ungleichartigen Gelände der ČSSR voll decken. Die konkrete Lokalisierung der automatischen Stationen wird bisher nicht erwogen, weil die klimatologischen Stationen jetzt so verteilt sind, daß sie die Verteilung der meteorologischen Elemente auf dem ganzen Gebiet der ČSSR erfassen können. Die räumliche Dichte der Stationen wird tatsächlich ein wenig geringer werden, aber dafür wird die zeitliche Dichte steigen.

Der Tätigkeitsbereich der automatischen Stationen wird enger sein als bei den klimatologischen. Es werden nur Grundelemente, vor allem die Temperatur, der Niederschlag und der Wind beobachtet, und es wird auch der Bereich durch automatische Auswahl von Redundanzdaten beschränkt, z. B. durch Messung nur der Daten, die den Normalwert und die definierte Abweichung übersteigen. Die Auswahl wird bereits am Ort der Entstehung durchgeführt.

Telekommunikationssystem

Es wird ein Zweistufensystem vorausgesetzt: Übertragung vom Ort der Entstehung der Information an regionale Zentren mit niedriger Geschwindigkeit, von da aus dann an die Zentralstelle mit höherer Geschwindigkeit. Es werden nicht nur operative Daten des Gebietes übertragen, sondern auch Ausgangsinformationen, die im regionalen System für die Datenbearbeitung im voraus bearbeitet werden. In umgekehrter Richtung werden dann die von der Zentralstelle bearbeiteten Informationen übertragen.

Zeitplan

Eine automatische Station wird auf dem Flugplatz Praha-Ruzyne im Jahre 1979 installiert und ermöglicht die Prüfung des technischen Systems und die Auswahl der Daten. Der Meteorologische Dienst der ČSSR setzt die Ausstattung eines Gebietes mit automatischen Stationen etwa im Jahre 1990 voraus. Dieses Prüfgebiet wird in vollem Ausmaß ungefähr 10 Jahre arbeiten, und nach der Prüfung des Systems in diesem Zeitraum wird die Automatisierung des ganzen Netzes nach dem Jahr 2000 durchgeführt. Das sind relativ lange Zeiträume, und deshalb läßt es sich voraussetzen, daß der Übergang ohne Störung der bestehenden langjährigen Beobachtungsreihen fließend sein wird.

Über die Erprobung eines AFMS-Gebers für festen Niederschlag

von S. Klemm, H. Henning, U. Bleek (DDR)

In der Empfehlung 1 der 6. Tagung der CIMO in Helsinki 1973 wurde die besondere Bedeutung der Messung des Schneefalls, also des festen Niederschlages mit Hilfe von Automatischen Meteorologischen Stationen hervorgehoben. Zur Lösung dieses Problems wurde im Instrumentenamt des Meteorologischen Dienstes der DDR vor einigen Jahren mit entsprechenden Untersuchungen begonnen. Auf der Technischen Konferenz der 7. Tagung der CIMO in Hamburg 1977 wurde vom Verfasser über die bisherigen Ergebnisse dieser Arbeiten berichtet [1].

Hier sollen nur das Grundprinzip dieser Entwicklungsarbeit und Erprobungsergebnisse speziell vom Winter 1977/78 mitgeteilt werden, die mit dem neuentwickelten Geber erreicht wurden.

Im Instrumentenamt wurden über mehrere Jahre fünf verschiedene Prinzipien zur Messung des festen Niederschlages untersucht. Als brauchbarer Geber für Automatische Meteorologische Stationen ergab sich der bisherige Geber für Regenmenge und Regendauer, dessen Sammeltrichter elektrisch beheizt wird. Als günstigste Schmelztemperatur wurden 2 Grad an der Trichteroberfläche festgestellt, die durch eine elektronische Steuerung ständig bereitgestellt werden, unabhängig von der Außentemperatur. Nach dem Schmelzprozess wird das Niederschlagswasser, d. h. die Regenmenge und Regendauer, mit dem bisher üblichen Geber gemessen. Das gesamte Gehäuse des neuen Gebers wurde neukonstruiert, es ist aus Kunststoff und bedarf keiner Wartung, braucht auch nicht gestrichen zu werden. Der Auffangtrichter ist aus einer Aluminiumlegierung mit guter Wärmeleitfähigkeit. Durch zusätzliche Heizung des Gehäuseinneren wird die Innentemperatur im Gehäuse im Winter bei ca. 4 Grad gehalten. Eine besondere thermische Isolierung verhindert eine Erwärmung des Trichters durch die Innenheizung, so daß die Schmelztemperatur von 2 Grad am Sammeltrichter eingehalten werden kann. Die genannte günstigste Oberflächentemperatur am Sammeltrichter für den Schmelzprozeß wurde in Labor- und Felduntersuchungen ermittelt und scheint ein günstiger Kompromiß zwischen der Forderung auf möglichst schnelles Schmelzen auf der einen Seite und eines möglichst geringen Verdunstungsverlustes auf der anderen Seite zu sein. Bis zu einer Außentemperatur von —20 Grad arbeitet der Geber zuverlässig mit einem maximalen Energieverbrauch von ca. 50 Watt.

Neben dieser erwähnten Methode der durchgehenden Heizung des Sammeltrichters wurde im Winter 1976/77 mit dem Erprobungsmuster noch eine weitere Methode untersucht. Dabei wird nur jeweils 10 Minuten lang der Sammeltrichter geheizt auf 2 Grad Celsius und die nächsten 10 Minuten nicht geheizt, also nur der Schnee gesammelt, und dann wieder geheizt. Mit dieser Methode der abwechselnden Sammel- und Schmelzphase sind besonders bei sehr geringem Schneefall die Verdunstungsverluste geringer als bei der erstgenannten Methode.

Bei den nur wenigen Schneefallereignissen des Winters 1976/77 wurden im Vergleich mit dem normalen Hellmann-Niederschlagsmesser mit der zuletztgenannten Methode der Schmelz- und Heizphase etwa 94% und mit der Methode der durchgehenden Beheizung etwa 88% der Vergleichsmengen gemessen.

Im Winter 1977/78 wurden 5 dieser neuentwickelten Geber in einer kleinen Serie hergestellt und zur Erprobung an verschiedenen Stationen im Netz des Meteorologischen Dienstes der DDR eingesetzt. Einer dieser Geber wurde unter den für unsere Verhältnisse rauhesten klimatischen Bedingungen im Erz-

Tabelle 1. Niederschlagsgeber AFMS-Vergleichsmessungen Station Zinnwald (800 m NN) Vergleichsgerät: Niederschlagsmesser 500 cm^2

Monat	Summe[1]) AFMS	Summe[1]) Vergleichsgerät	Anteil AFMS in %
Januar 78	7,3	8,5	86
Februar 78	14,8	19,9	67
März 78	60,5	62,9	96

[1]) Angaben in mm Niederschlag

gebirge in Zinnwald an der Grenze zur ČSSR erprobt. Dieser Geber war durchgehend beheizt und hat die ganze Erprobungszeit über ausgezeichnet funktioniert. Es gab keinen einzigen technischen Ausfall. Er war nie eingefroren, und es wurde kein Reifansatz beobachtet. Die niedrigsten Außentemperaturen lagen um −20 Grad. Der Vergleich erfolgte mit einem Gebirgsniederschlagsmesser mit 500 cm^2 Auffangfläche. Die Ergebnisse werden in Tabelle 1 gezeigt. 88,3% wurden im Mittel im Vergleich zum Gebirgsniederschlagsmesser erhalten, bei sehr geringem Schneefall jedoch nur etwa 50%, bei starkem Schneefall dagegen bis zu 94,4%.

Ebenso liegen gute Ergebnisse bei der Erfassung der Niederschlagsdauer bei stärkerem Schneefall vor. Dagegen ergeben sich große Verzögerungen der Erfassung des Niederschlagsbeginns bei sehr leichtem Schneefall. Dabei können Verzögerungen von 1 bis 2 Stunden auftreten. Hier stoßen wir an die Grenze zwischen erfaßbarem oder nichterfaßbarem Niederschlag.

Zusammenfassend können wir feststellen, daß der vorgestellte Geber für festen Niederschlag für die Automatische Meteorologische Station ein brauchbarer und geeigneter Geber ist und daß damit eine weitere Forderung der Synoptik und Klimatologie realisiert werden konnte.

Literatur

[1] Klemm, S., Henning, H., Bleek, U., Snow gauge for automatic weather stations. WMO-Nr. 480, Geneva 1977, 237–241.

Wolkenhöhenmesser IWO mit Fernregistrierung und als Geber für die AFMS

U. Bleek (DDR)

Im Instrumentenamt des MD der DDR wurde ein Gerät zur Automatisierung der Wolkenhöhenmessung entwickelt. Dieses Gerät ist als Zusatzgerät für den Wolkenhöhenmesser „IWO" konzipiert. Zwei Aufgabenstellungen werden mit dem Gerät erfüllt:

1. Erfassung der Wolkenhöhe durch die AFMS
2. Analogregistrierung der Wolkenhöhe auf Spannungsschreibern.

Grundlage für beide Aufgaben ist eine entsprechende Auswertung der Laufzeit t des vom Lichtimpulssender ausgestrahlten Lichtimpulses.

$$h = \frac{c}{2} \cdot t\,,$$

h = Wolkenhöhe, c = Lichtgeschwindigkeit.

Dabei verspricht eine digitale Methode gegenüber analogen Kurzzeitmeßmethoden den geringeren Abgleichaufwand, eine einfachere Fertigung, eine höhere Betriebszuverlässigkeit und eine einfache Weiterverarbeitung der Meßwerte. TTL-Schaltkreise mit mittlerem Integrationsgrad ermöglichen die Realisierung des Konzepts der digitalen Kurzzeitmessung mit geringem Aufwand.

Meßprinzip

Der vom Sender bei der Erzeugung des Lichtimpulses abgegebene Triggerimpuls schaltet ein Tor so, daß Impulse eines 15-MHz-Generators an den Eingang eines digitalen Zählers gelangen. Jeder gezählte Impuls entspricht einer Höhe von 10 m. Im Zähler werden die Impulse so lange summiert, bis der Empfänger den von der Wolke reflektierten Lichtimpuls aufgenommen hat. In diesem Moment wird das Tor für die 15-MHz-Impulsfolge geschlossen. Der Zählerstand entspricht dann der Wolkenhöhe in 10-Meter-Schritten.

Dieser Zählerstand bleibt bis zur nächsten Messung erhalten und kann während der verbleibenden Zeit ausgewertet werden. Bei der Variante des Gerätes als Geberanpassung für die AFMS wird der Zählerstand einfach von der AFMS übernommen. Für den Anwendungsfall „Registrierung" wird der Zählerstand mit einem Digital-Analog-Wandler in einen proportionalen Strom umgesetzt. Dieser Strom erzeugt an einem Meßwiderstand den für das Registriergerät notwendigen Spannungsabfall von 2, 10 oder 15 mV für 1500 m Wolkenhöhe.

Neben dem Meßprinzip waren noch einige Steuerfunktionen zu realisieren. So ist zur automatischen Verstärkungsregelung des Fotostromverstärkers eine Einschwingzeit von etwa 4 Sekunden erforderlich. Erst nach dieser Zeit wird die Laufzeit eines Lichtimpulses bewertet. Der Meßbefehl für die AFMS-Variante wird von der AFMS erzeugt. Bei der Registriervariante ist ein interner Meßtaktgeber vorhanden, der sich fernsteuern läßt. Die Fernsteuerung gestattet die Ein- und Ausschaltung des IWO, die Wahl der Meßzeitintervalle von 1, 2 und 4 Minuten und die Handauslösung der Messung.

Änderungen am Wolkenhöhenmesser IWO

Wichtig für die Lösung der Aufgabenstellung war es, die Änderungen am IWO gering zu halten. Zwischen IWO und Zusatzgerät besteht eine Verbindung von 5 Adern. Neben einem Relais zur Einschaltung des Lichtimpulssenders sind in den IWO Spannungsteiler zur Amplitudenanpassung von Trigger- und Empfangsimpuls und eine Rauschunterdrückung eingebaut worden. Eine Heizung in Sender und Empfänger hat das Beschlagen der Scheiben beseitigt und die Gefahr von Hochspannungsüberschlägen stark verringert.

Konstruktiver Aufbau des Zusatzgerätes

In einem Standardgehäuse befinden sich 3 Baugruppen auf je einer Leiterkarte. Eine Baugruppe trägt Netztransformator, Gleichrichter und ein Relais zur Einschaltung des IWO. Die zweite Baugruppe bildet den digitalen Kurzzeitmesser mit der notwendigen Steuerlogik und dem 15 MHz-Generator. Die dritte Baugruppe ist anwendungsspezifisch. Für die Variante als Geber für die AFMS realisiert sie die Stabilisierung der Spannung für die TTL-Schaltkreise und entkoppelt Meßzähler und AFMS. Bei der Variante zur Analogregistrierung erfüllt die Baugruppe die Funktionen: Spannungsstabilisierung, Digital-Analog-Umsetzung der Information des Meßzählers und Bereitstellung der steuerbaren Meßzeitintervalle. Zur Reparatur und zu Kontrollzwecken kann das Gerät mit einer Leiterkarte mit einer Digitalanzeige der Wolkenhöhe ausgerüstet werden. Zur Fernbedienung des Registrierzusatzes wird ein Tastenschalter benutzt, der sich in einem kleinen Gehäuse in der Nähe des Registriergerätes befindet.

Technische Daten der Zusatzgeräte

Meßbereich:	0—1500 m
Auflösung:	10 m
Registrierung:	1 bis 5 Standard-Registriergeräte für Spannungen 2 mV, 10 mV oder 15 mV
Skala:	linear, 0—1500 m
Ausgang zur AFMS:	BCD-Code, TTL-Pegel
Meßintervallzeiten:	1 min, 2 min, 4 min, Handauslösung

Leistungsaufnahme des Zusatzgerätes: etwa 8 W
Heizung von Sender und Empfänger: je 75 W

Betrieberfahrungen

Ursprünglich bestanden große Bedenken bezüglich der Lebensdauer der Lichtimpulslampe. Eine auf etwa 10 Hz verringerte Blitzfrequenz und die geringe Einschaltdauer des Senders von etwa 4 s ergaben auf dem Flugplatz Schönefeld eine Betriebsdauer der Lichtimpulslampe von über einem Jahr. Dabei wurden in 1- und 2-Minutenintervallen Messungen durchgeführt. Als anfälliger hat sich der Fotostromverstärker erwiesen. Hier kam es offenbar zu Überhitzungen mit Röhrenausfällen und Schäden an Kondensatoren und Widerständen. Ein Fotostromverstärker mit Halbleiterbauelementen wäre sicherlich zuverlässiger. An einem Versuchsaufbau des Zusatzgerätes zur Registrierung der Wolkenhöhe gab es seit Frühjahr 1976 außer einem Ausfall eines Schaltkreises durch Blitzschlag keinen weiteren Fehler. Die Heizung von Sender und Empfänger gestattet, die Ventilationslöcher der Gehäuse geschlossen zu halten, wodurch sich die Staubablagerung auf den Spiegeln wesentlich verringert.

Bei exakt durchgeführter Eichung des IWO ergibt sich eine sehr gute Übereinstimmung mit den Meßwerten des Zusatzgerätes. Nacheichungen (15 MHz-Generator und Ausgleich der parasitären Laufzeit im IWO) waren bisher nicht erforderlich.

Anfänglich gab es bei Vergleichsmessungen mit dem französischen Wolkenhöhenmesser CDC Differenzen bei Nebel bzw. aufliegenden Wolken. Eine Verringerung des Abstandes zwischen Sender und Empfänger beseitigte diese Differenz. Die bei Nebel und Niederschlägen auftretenden Differenzen sind dadurch zu erklären, daß die Echos nicht durch Reflexion an einer Grenzfläche, sondern durch Lichtstreuung gebildet werden. Das Meßverfahren basiert aber auf der Reflexion des Lichtimpulses. Der Versuch, Signale, die durch Streuung verursacht werden, gänzlich zu unterdrücken, scheiterte. Wesentlich steilere Lichtimpulsflanken wären Voraussetzung zur Lösung dieses Problems.

Weiterentwicklung des Zusatzgerätes als Geber für AFMS

Zur Zeit kann von der AFMS nur der Momentanwert der Wolkenhöhe zum Ausgabetermin erfaßt werden. Eine Verbesserung der Information über die Bewölkung läßt sich nur durch die Verarbeitung mehrerer Wolkenhöhenmessungen erzielen. Es wird daran gearbeitet, 10 Messungen durchzuführen. Die Ergebnisse der Messungen werden in 6 Klassen eingeteilt. Neben dem Momentanwert zum Termin wird dann die Häufigkeit der 6 Klassen ausgegeben. Die Häufigkeitsangabe gestattet, die Repräsentativität des Meßwertes zum Termin besser zu beurteilen, und erlaubt, über die Struktur der Bewölkung Aussagen zu machen. Die für diese Auswertung notwendigen Schaltungen werden Bestandteil des Zusatzgerätes sein.

Ein neuer elektronischer Datenspeicher für die AFMS

von K. Krüger (DDR)

Über das Prinzip der automatischen Datenübertragung, das für die AFMS im MD der DDR angewendet wird, wurde schon auf früheren Symposien gesprochen. Aus diesem Grunde soll es hier nur kurz wiederholt werden.

Wenn die AFMS eine Meldung ausdruckt, werden die im Telegraphenalphabet Nr. 2 verschlüsselten Meßwerte gleichzeitig in einen speziellen Speicher übernommen. Ist die AFMS-Meldung beendet, kehrt der Speicher in seine Ausgangslage zurück. Die Übertragung der gespeicherten Meßwerte über das öffentliche Fernschreibnetz kann auf 2 Arten erfolgen:

1. Mit Hilfe einer automatischen Wähleinrichtung (abgekürzt AWE) wird die Telex-Nummer der Sammelstelle automatisch angewählt. Ist die Fernschreibverbindung hergestellt, werden die gespeicherten Daten an die Sammelstelle übermittelt.
2. Die Sammelstelle wählt manuell die Telex-Nummer der Meteorologischen Station. Ist die Fernschreibverbindung hergestellt, kann die Sammelstelle mit einem speziellen Signal die Daten vom Speicher abrufen. Der Abruf der Daten kann von jedem Telex-Anschluß erfolgen.

Die auf die beschriebene Art automatisierte Übertragung der AFMS-Daten wird seit Jahren erfolgreich angewandt. Eine besondere Bedeutung kommt der Zuverlässigkeit der DSAA zu. Arbeitet sie nicht, dann gehen bei unbemannten Stationen alle AFMS-Daten für den Wettermeldedienst verloren. In den bisher eingesetzten DSAA wurde eine Magnetbandkassette als Speicher verwendet. Für das Arbeiten der Magnetbandkassette ist ein mechanisches Laufwerk nötig, welches mit elektronischen Baugruppen wie Modulator, Demodulator und Ablaufsteuerung zusammenarbeitet. Beim praktischen Betrieb der DSAA zeigte sich, daß die elektronisch arbeitenden Baugruppen sehr zuverlässig arbeiten, während das Laufwerk in Verbindung mit der Kassette häufig zu Störungen und Ausfällen führte. Durch Verbesserungen am Laufwerk konnte die Zuverlässigkeit erhöht werden; jedoch änderte sich nichts an der Tatsache, daß die Betriebssicherheit der DSAA von der Zuverlässigkeit des mechanischen Laufwerkes bestimmt wurde. Deshalb war der Gedanke naheliegend, anstelle des Magnetbandes ein Speichermedium anzuwenden, das ohne mechanisch bewegte Teile auskommt. Im Jahre 1977 wurde im Instrumentenamt des MD von einem Entwicklungskollektiv die Aufgabe erfolgreich gelöst, für die DSAA einen elektronischen Speicher zu entwickeln. Grundbaustein des elektronischen Speichers ist der integrierte Schaltkreis CM 8001 aus der VR Bulgarien. Es handelt sich um einen statischen Schreib-Lese-Speicher mit einer Kapazität von 256 Bit. Die innere Struktur des CM 8001 zeigt Abb. 1.

Der Schaltkreis enthält 256 Flip-Flop-Speicherzellen, die als Matrix mit 16 Zeilen und 16 Spalten angeordnet sind. Jeweils eine Zeile und eine Spalte müssen angesteuert werden, damit ein bestimmter Speicherplatz aktiviert wird. Um die Zahl der Anschlüsse des Schaltkreises zu verringern, sind nicht alle 32 Adress-Leitungen herausgeführt. Statt dessen sind ein X-Adress-Dekoder und ein Y-Adress-Dekoder enthalten. Diese besitzen jeweils 4 Eingänge,

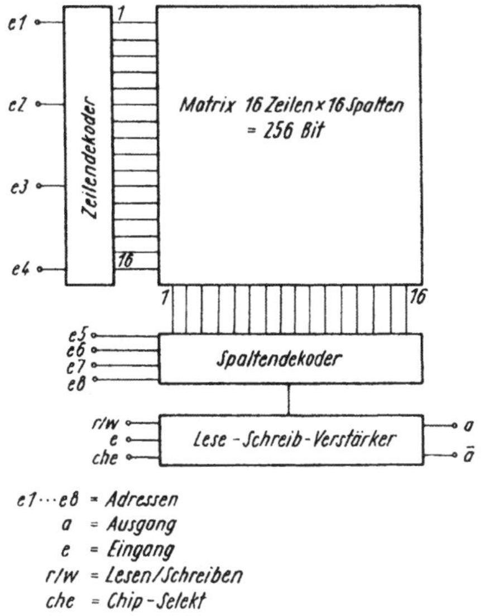

Abb. 1. Die innere Struktur des Speicherschaltkreises CM 801

an die die Information über die aufzurufende Zeile bzw. Spalte als Binärzahl gelegt werden muß. Auf diese Weise können mit 8 binären Adress-Eingängen alle 256 Speicherzellen adressiert werden. Sollen zur Vergrößerung der Speicherkapazität mehrere Schaltkreise gekoppelt werden, kann man die Adress-Eingänge mehrerer Schaltkreise parallel schalten. Durch den vorhandenen „Chip-Selekt"-Eingang kann man erreichen, daß trotzdem nur jeweils einer der gekoppelten Schaltkreise aktiviert wird. Über einen speziellen Eingang wird zwischen Schreiben und Lesen umgeschaltet.

Bei der Entwicklung des elektronischen Speichers waren zunächst Betrachtungen zur benötigten Speicherkapazität erforderlich. Jedes Fernschreibzeichen besteht aus 7 Bits einschließlich Start- und Stopschritt. Um die Steuerung des Speichers möglichst einfach und übersichtlich zu halten, werden Start- und Stopsignal mit gespeichert. Da der Stop-Schritt des Fernschreibzeichens länger als die übrigen Schritte ist, werden ihm 2 Speicherplätze zugeordnet. Dies ermöglicht das Auslesen der Fernschreibzeichen mit einer kontinuierlichen Folge von Taktimpulsen. Es werden also 8 Speicherplätze für ein Fernschreibzeichen benötigt. Ermittelt man für eine AFMS, bei der alle verfügbaren Meßstellen belegt sind, die Zahl der benötigten Speicherplätze, so kommt man auf eine Zahl von 1152 Bit. Der entwickelte Halbleiterspeicher wurde mit 6 Schaltkreisen vom Typ CM 8001 bestückt, das entspricht einer Kapazität von 1536 Bit. Es ist also noch eine Reserve für zukünftige Meßstellenerweiterungen und für die Speicherung visuell ermittelter Daten vorhanden.

Da im vorliegenden Anwendungsfall sowohl beim Schreiben als auch beim Lesen immer die gleiche, ansonsten aber beliebige Reihenfolge der Speicherplätze benötigt wird, können die Adress-Eingänge der Speicherschaltkreise direkt mit den Ausgängen eines Binärzählers verbunden werden. Es ergibt sich der in Abb. 2 dargestellte prinzipielle Aufbau des Speichers: Die Adresseingänge aller Speicherschaltkreise sind parallel geschaltet, ebenso die Anschlüsse für Informationseingang, Informationsausgang und Schreib-Lese-Umschaltung. Zur Bereitstellung der binären Adress-Signale dient eine Zählkette aus acht hintereinandergeschalteten Flip-Flops. Mit jedem Taktimpuls am Eingang der Zählkette schaltet diese um eine Stelle weiter, es wird damit von einem Speicherplatz auf den nächsten umgeschaltet. Mit 8 Flip-Flops ergibt sich eine Zählkapazität von $2^8 = 256$, das heißt, nach 256 Takten wiederholt sich derselbe Durchlauf der Speicheradressen. Dabei kann am Ausgang des achten Flip-Flops ein Übertrags-Impuls entnommen werden. Dieser Übertrags-Impuls schaltet eine weitere Zählkette, weil jedesmal mittels der „Chip-Selekt"-Eingänge von einem Speicherschaltkreis auf den nächsten umgeschaltet werden muß. Diese zweite Zählkette besteht aus drei Flip-Flops, sie hat also eine Zählkapazität von $2^3 = 8$ Binärstellen. Die ersten sechs Binärstellen werden durch

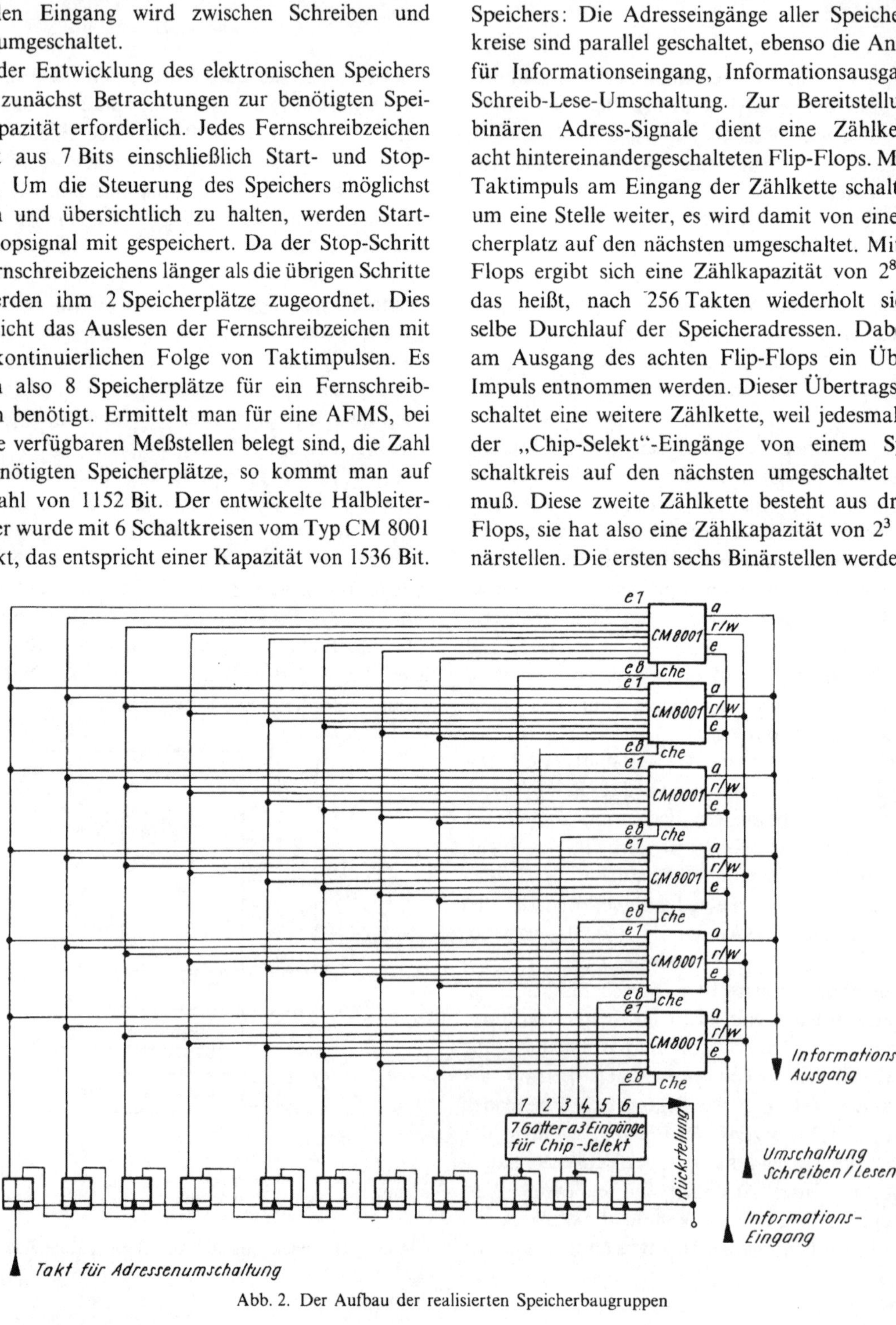

Abb. 2. Der Aufbau der realisierten Speicherbaugruppen

eine Dekodier-Schaltung in einen 1-aus-6-Code umgewandelt. Die 6 Ausgänge der Dekodierschaltung sind jeder mit dem „Chip-Selekt"-Eingang eines Speicherschaltkreises verbunden. Dadurch ist stets nur einer der sechs Speicherschaltkreise aktiviert. Sind alle 256 Speicherplätze eines Speicherschaltkreises abgearbeitet, wird auf den nächsten umgeschaltet. Der Durchlauf der Speicheradressen beginnt von neuem. Sind alle 256 Speicherplätze des sechsten Schaltkreises abgearbeitet, ist die Speicherkapazität erschöpft.

Bei der Entwicklung des elektronischen Speichers bestand auch das Ziel, eine solche Lösung zu finden, daß mit möglichst geringem Aufwand die vorhandene DSAA umgebaut werden kann. Es sollte also ein großer Teil der vorhandenen elektronischen Baugruppen wiederverwendet werden und die Zahl der neuen Baugruppen auf ein Minimum reduziert werden. Ebenso wurde darauf geachtet, daß der Verdrahtungsaufwand beim Umbau gering bleibt. Diese Ziele waren entscheidend für die realisierte Arbeitsweise des Speichers, seine Struktur und den Ablauf der Speichersteuerung.

Die Zählketten für Adressen und Chip-Selekt wurden mit integrierten Schaltkreisen realisiert. Dadurch wurde ein räumlich kleiner Aufbau möglich. Die Zählketten konnten mit den Speicherschaltkreisen sowie mit der Dekodierschaltung für Chip-Selekt zu einer Baugruppe auf einer gemeinsamen Leiterplatte vereinigt werden. Dadurch wurde der Verdrahtungsaufwand beim Umbau gering gehalten. Bei der Auswahl der Schaltkreise war zwischen TTL-Schaltkreisen und MOS-Schaltkreisen zu entscheiden. Die Realisierung erfolgte mit MOS-Schaltkreisen vom Typ U 112 D und U 102 D, weil sich damit der geringste zusätzliche Aufwand für die Stromversorgung ergab und weil die Anpassung der Signalpegel relativ einfach zu erreichen war.

Eine besondere Baugruppe stellt die Eingangs-Taktimpulse für den Adress-Zähler her. Beim Schreibvorgang werden aus jedem ankommenden Fernschreibzeichen 7 Impulse mit einem Abstand von 20 msek abgeleitet, dem siebenten Impuls wird mit geringerem Abstand noch ein zusätzlicher Impuls hinzugefügt. In den Pausen, wo keine Fernschreibzeichen vorhanden sind, werden auch keine Taktimpulse erzeugt und damit keine Speicherplätze belegt. Beim Lesevorgang wird eine kontinuierliche Folge von Takten mit 20 msek erzeugt, damit werden die gespeicherten Fernschreibzeichen ohne zeitliche Pausen gesendet. Die Baugruppe für die Aufbereitung der Taktimpulse wurde durch Änderung von schon vorhandenen elektronischen Schaltungen hergestellt.

Durch den Umbau der DSAA von Tonbandkassette auf elektronischen Speicher ergeben sich 3 wesentliche Vorteile:

1. Eine wesentlich höhere Zuverlässigkeit und damit geringerer Reparatur- und Wartungsaufwand
2. Verkürzung der Übertragungszeit. Da die bei der bisherigen Übertragung noch vonhandenen Pausen zwischen den Meßwerten entfallen, verkürzt sich die Zeit für das Senden der AFMS-Meldung von 54 Sekunden auf 17 Sekunden.
3. Schnellere Verfügbarkeit der Meldung. Während bei der Magnetbandkassette nach der Aufnahme noch mechanische Vorgänge wie Rücklauf und zweiter Vorlauf nötig waren, kann beim elektronischen Speicher die Meldung wenige Sekunden nach Ende des Schreibvorganges übertragen werden.

Seit einigen Monaten sind 2 DSAA mit elektronischem Speicher im Einsatz. Sie haben sich auch im praktischen Betrieb voll bewährt, und die erwarteten Vorteile haben sich bestätigt.

Anlage zur Erfassung der vertikalen Windscherung

von H.-F. WEHNER (DDR)

Für die Luftfahrt ist die Kenntnis der Änderung des Windes senkrecht über der Start- und Landebahn von Bedeutung. In [1] wird empfohlen, Änderungen über zwei Höhenintervalle — von 10 auf 30 und von 30 auf 60 m — zu erfassen, und zwar in Form von 2-min-Mittelwerten parallel und senkrecht zur Start- und Landebahn, also pro Höhenintervall folgende Größen:

$$\overline{v_x} = \overline{v_{x_1} - v_{x_2}}\,,$$

$$\overline{v_y} = \overline{v_{y_1} - v_{y_2}}\,.$$

v_{x_1}, v_{x_2}, v_{y_1}, v_{y_2} sind horizontale Windkomponenten in einem auf die Start- und Landebahn bezogenen rechtwinkligen Koordinatensystem an der Ober- und Unterseite der Schicht.

Je nach Größe dieser Differenzen wird unterschieden:

0 — 2 m/s/30 m	schwache Scherung,
2,5 — 4 m/s/30 m	mäßige Scherung,
4,5 — 6 m/s/30 m	starke Scherung,
über 6 m/s/30 m	sehr starke Scherung.

Da ein entsprechender Mast zur Verfügung stand, wurde vom Instrumentenamt eine derartige Anlage unter Verwendung von Schalensternanemometern mit Fahne aufgebaut. Sie erscheinen nicht ungeeignet, da es nicht auf die Messung von Vertikalkomponenten ankommt. Diese gehen jedoch teilweise in die Horizontalkomponenten ein und bilden eine schwer erfaßbare Fehlerquelle. Vorteilhaft ist aber, daß sich bei Verwendung von Windfahnen die für Komponentenmessungen erforderliche Sinuscharakteristik mittels elektrischer oder elektronischer Funktionsgeber genauer annähern läßt als bei Anemometern, bei denen sie durch Gestaltung der Propeller hergestellt wird. Bei Komponentendifferenzmessungen hängt darüber hinaus die Meßgenauigkeit nicht nur von den Anemometern selbst, sondern wesentlich von der genauen Übereinstimmung der Bezugsrichtungen der Geräte ab.

Der elektrische Teil wurde so ausgeführt, daß der Schalenstern einen 50-Hz-Wechselstrom-Tachometergenerator antreibt, der über einen Entkopplungsverstärker einen Drehmelder erregt, dessen Rotor mit der Fahne gekoppelt ist (Abb. 1). An den Ausgängen des Drehmelders werden zwei Spannungen abgegriffen, die der Windgeschwindigkeit und dem Sinus der Fahnenauslenkung proportional, aber um 60° phasenverschoben sind (Abb. 2). Um daraus orthogonale Spannungen zu erhalten, werden sie einmal addiert, zum anderen subtrahiert. Summen- und Differenzspannung sind um 90° phasenverschoben.

Addition und Subtraktion lassen sich genügend genau mit Hilfe von Operationsverstärkern durchführen. Danach erfolgt Gleichrichtung, für die wegen der bereits bei kleinen Spannungen erforderlichen Linearität ebenfalls Operationsverstärker verwendet werden. Die Gleichrichtung muß phasenempfindlich erfolgen, um positive und negative Werte der sin- und cos-Funktion zu unterscheiden. Die phasenrichtige Ansteuerung der Gleichrichter ist gewährleistet, indem sowohl Tachometererreger- wie Gleichrichtersteuerspannung starr auf die Netzphase bezogen sind. Bei Meßstelle 2 folgen noch invertierende Verstärker,

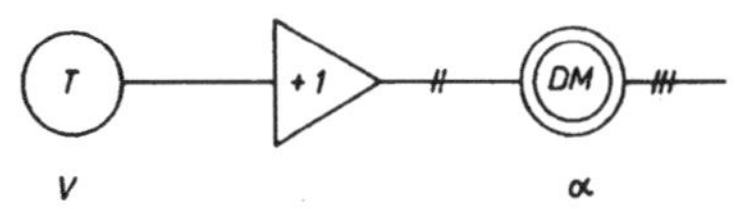

Abb. 1. Gewinnung der Komponentenspannung (T — Tachometergenerator, fremderregt, 50 Hz, DM — Drehmelder, v — Windgeschwindigkeit, α — Windrichtung)

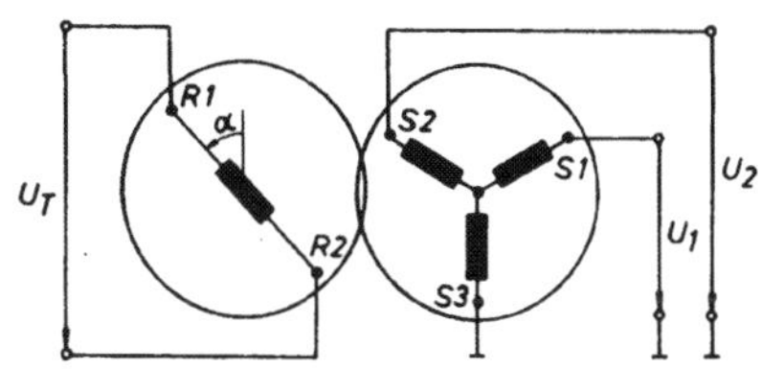

Abb. 2. Gewinnung orthogonaler Spannungen (U_T — Tachometerspannung, α — Rotorauslenkung, $U_1 = U_T \cos\alpha$, $U_2 = U_T \cos(\alpha + 60°)$, $U_1 + U_2 = \sqrt{3}\, U_T \cos\alpha'$, $U_1 - U_2 = U_T \sin\alpha'$, wobei $\alpha' = \alpha + 30°$)

da die Spannungen dieser Meßstelle mit beiden Vorzeichen benötigt werden.

Die folgenden Analog-Digital-Umsetzer sind nach dem Ladungs-Ausgleichsverfahren arbeitende Spannungs-Frequenz-Umsetzer, wobei die während der Meßzeit anfallende Impulszahl proportional dem Zeitintegral der Eingangsspannung ist. Indem jeweils zwei Komponentenspannungen — eine davon mit umgekehrtem Vorzeichen — auf den Eingang des Umsetzers gegeben werden, erhält man am Ausgang eine dem zeitlichen Mittelwert der Eingangsspannungs- und damit der Komponentendifferenz proportionale Zahl von Impulsen.

Außerdem enthält dieser Teil der Anlage noch die Elektronik für die Tachometerregelschaltung. Die Regelung ist erforderlich, weil die Tachometergeneratoren einen erheblichen Temperaturkoeffizienten besitzen.

Das Digitalteil besteht aus Untersetzern, Zählern, Schaltungen zur Konvertierung negativer Komponentendifferenzen, Speichern und Anzeigeeinrichtung. Die Anzeige erfolgt mittels Ziffernanzeigeröhren als vorzeichenbehaftete zweistellige Zahl, die Auflösung beträgt 0,5 m/s. Der Anzeigebereich reicht von —9,5 m/s bis +9,5 m/s. Bei Über- bzw. Unterschreitung wird ebenfalls + oder —9,5 m/s angezeigt und zusätzlich ein Überlaufzeichen. Die Zeitsteuerung (2-min-Intervalle) erfolgt von außen.

Eine systematische Auswertung der Messungen liegt noch nicht vor. Die größte Scherung trat mit 5,5 m/s vor einem Schauerdurchgang auf, bei üblichem Starkwind wurden maximal 4,5 m/s gemessen (2-min-Mittelwerte).

Literatur

[1] WMO-Nr. 224 RP. 77, Geneva 1968.

Über Erfahrungen der Taupunkttemperaturmessung mit dem LiCl-Taupunktfühler der Firma Feutron im AFMS-Netz des Meteorologischen Dienstes der DDR

von H. HENNING (DDR)

Dieser Taupunktfühler hat Eigenschaften, die seinen Einsatz in einem größeren Meßnetz begünstigen. Es sind dies insbesondere:

- ein einfaches sich selbst regelndes System,
- leicht durchführbare Temperaturmessung,
- direkte Ausgabe der Taupunkttemperatur,
- einfache Montage und unkomplizierte Handhabung,
- keine Wartung während der Einsatzdauer,
- Regenerierbarkeit in einem gewissen Umfang und
- günstiger Preis.

Diesen Vorzügen für den Routinedienst stehen Nachteile gegenüber. Es sind dies insbesondere:

- die Einhaltung der Meßgenauigkeit über den Einsatzzeitraum,
- die Erkennbarkeit der Beendigung der Einsatzdauer,
- die Abhängigkeit der Umwandlungstemperatur des LiCl von der Umgebungstemperatur und Luftfeuchte,
- die Begrenzung der Funktion bei negativen Temperaturen bei etwa −18 °C und der Luftfeuchte unter 20 % relativer Feuchte,
- die Regelschwankungen im dynamischen Temperatur- und Windfeld.

Für die Meßpraxis im meteorologischen Netz ist insbesondere die Feststellung einer für alle Bereiche der Taupunkttemperatur im Funktionsbereich umfassenden Eichkurve von Bedeutung. Eintretende Abweichungen in einem zuzulassenden Schwankungsbereich von etwa ±1 K müssen dann einkalkuliert werden. Eine weitere Verbesserung dieser Situation ist durch Mittelbildung über den Zeitraum der Regelschwankungen von etwa 5 Minuten erreichbar, was bei Einsatz der automatischen Meßtechnik realisierbar ist und im übrigen dem Trend in der meteorologischen Meßtechnik entspricht. Dazu sind einige Beispiele auf Tab. 1 dargestellt.

Es wurde das Hüttenpsychrometer einmal abgelesen, die Taupunktwerte der AFMS wurden über 5 Minuten pro Minute ermittelt. Aus Spalte 3 sind die Abweichungen der Einzelwerte untereinander deutlich erkennbar. Besteht die Meßwerterfassung nur aus einem dieser Meßwerte, so ergeben sich Differenzen zur Vergleichsmessung bis zu 1 K, obgleich der LiCl-Fühler normal arbeitet. Bei bedecktem Himmel (Spalte 2) treten diese Schwankungen kaum auf. In Spalte 4 ist das 5-Minutenmittel aus den Einzelmessungen eingetragen, und Spalte 5 ist das Ergebnis der manuellen Psychrometermessung aus einer Ablesung. Bisher wird von den AFMS zu den Terminen nur 1 Meßwert ausgegeben. Dadurch ist mit einer größeren Streuung der Einzelbeobachter bei Vergleichsmessungen zu rechnen. Darüber wird noch gesondert berichtet.

Für den Fühler Feutron im AFMS-Netz hat sich die in Tab. 2 angegebene Beziehung der Umwandlungstemperatur des LiCl und der Taupunkttemperatur bewährt. In der Meßpraxis wird durch eine Widerstandskombination zum Temperaturfühler der Meßwert in °C der Taupunkttemperatur direkt ausgegeben.

Tabelle 1. Regelverhalten des LiCl-Fühlers

1		2	3					4	5
Monat	Termin	N	τ_1	τ_2	τ_3	τ_4	τ_5	$\bar{\tau}$	τ_H
April	08.00	0	15,7	15,9	15,1	14,5	14,7	15,1	15,1
August	14.00	0	4,6	5,0	5,4	5,6	5,2	5,2	4,9
Juli	07.30	8	8,0	8,1	8,1	8,1	8,1	8,1	8,1
August	11.00	4	11,6	11,4	12,6	12,6	12,5	12,1	12,4

Tabelle 2. Umwandlungstemperatur des LiCl-Fühlers

τ	—20	—10	0	10	20	°C
t_U	9,0	23,4	37,7	51,0	64,6	°C

Einige Bemerkungen zur Feststellung des Zeitpunktes der Funktionstüchtigkeit des Taupunktfühlers:

Es gibt zwei sichere Merkmale, die den Verbrauch des Fühlers erkennen lassen:

1. Ergebnisse von Vergleichsmessungen über einen Bereich der relativen Luftfeuchte zwischen 40% und Sättigung. Abb. 1 gibt dafür ein Beispiel. Es wurden für die einzelnen Klassen der relativen Luftfeuchte je 10 Meßwerte zur Bildung einer mittleren Abweichung des Fühlers verwendet. Diese Daten sind am oberen Rand der Graphik angegeben. Eindeutig ist ersichtlich, daß der Fühler F 1 normal arbeitet und der Fühler F 2 zunächst eine starke negative Abweichung zeigt, die bei geringerer Luftfeuchte rasch abnimmt. Das ist ein sichtbares Zeichen für die Beendigung der Lebensdauer des Fühlers. Beobachter sind sich in solchen Fällen vielfach darüber nicht schlüssig, da ein solcher Fühler in einer etwas früheren Phase mit einem Fehler von etwa —1 K bei 95% liegt, aber bei geringerer Luftfeuchte gute Ergebnisse bringt.

2. Ein weiteres Merkmal zur Erkennung der Lebensdauer des Fühlers ist die Streuung der Einzelbeobachtung aus einer statistischen Anzahl von Vergleichsmessungen eines Monats. Als Beispiel sind in Tab. 3 die Ergebnisse einiger AFMS-Vergleichsmessungen des Monats Februar 1978 aufgeführt.

In Spalte 2 sind die monatlichen Differenzen zur konventionellen Beobachtung der Vergleichsmessungen eingetragen. Spalte 3 gibt die monatliche höchste und Spalte 4 die monatliche kleinste Abweichung des Einzelwertes an. Spalte 5 enthält die statistische Berechnung der Streuung der Einzelbeobachtung und Spalte 6 die Differenz der Spalten 3 und 4,

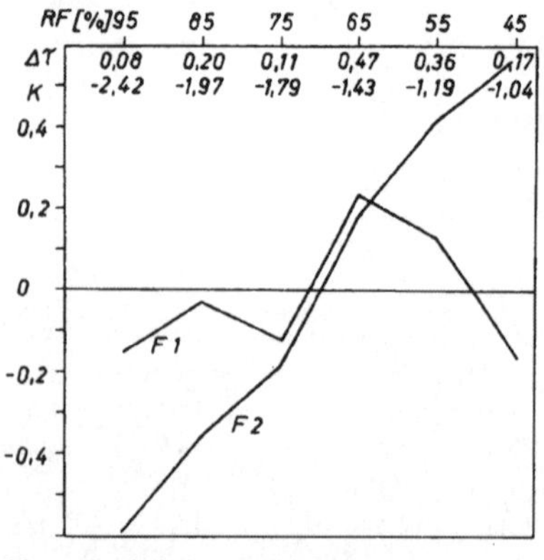

Abb. 1. Fehlerverlauf bei verschiedenen Werten der relativen Luftfeuchte (RF) von Taupunktfühlern (F)
F1: funktionstüchtig, F2: verbraucht

Tabelle 3. Vergleichsmessungen der Taupunkttemperatur AFMS-Netz Monat Februar 1978 (Auszug)

1 Station	2 $\Delta\tau$	3 $\Delta\tau_x$	4 $\Delta\tau_n$	5 σ	6 3—4	
398	—0,3	—0,1	—0,8	0,15	0,7	
268	0,6	0,9	0,3	0,21	0,6	
180	—0,4	0,1	—0,8	0,29	0,9	Angaben in °C
270	0,0	0,7	—0,6	0,32	1,3	für in ± K
193	0,6	1,4	0,1	0,36	1,5	
582	0,2	1,2	—0,7	0,41	1,9	
093	0,0	0,9	—0,8	0,50	1,7	
283	—0,1	0,7	—1,3	0,62	2,0	
361	0,0	1,9	—1,8	0,82	3,7	

also die extremsten Abweichungen des Monats. Überprüft man die Daten der Spalte 2 für eine Streuung σ der Spalte 5 bei etwa ±0,40 K, so sind die Differenzen abweichend von 0 K zur Vergleichsmessung bedingt durch leichte Nullpunktabweichungen der Justierung der Meßanlage. Setzt man die Abweichungen der Spalte 2 für die Spalten 3 und 4 in Rechnung, ergibt sich eine nahezu zentrale Verteilung der Extremwerte der monatlichen Abweichung. Mit Zunahme des Differenzbetrages der Spalte 6 über 2 K werden auch die Einzelbeobachtungen so ungenau, daß die Meßtoleranz des Fühlers zu oft überschritten wird, obgleich der Monatsmittelwert in Spalte 2 vorwiegend sehr befriedigende Ergebnisse zeigt.

Werden diese beiden Erkennungsmerkmale ständig beachtet, kann durch umgehenden Fühleraustausch, der von jedem Beobachter vorgenommen werden kann, eine befriedigende Lösung für die Inbetriebhaltung des Taupunktfühlermeßnetzes geschaffen werden. Bisher wurden im AFMS-Netz die Taupunktfühler etwa nach 1,3 Jahren ausgewechselt. Für 10 Stationen wurden die Daten des Fühlerwechsels aus den Service-Unterlagen entnommen. Sie sind in Tab. 4 zusammengestellt. Die letzte Spalte gibt die errechnete Einsatzdauer für die bisher benötigten Taupunktfühler an. Mit diesem Ergebnis kann man durchaus zufrieden sein.

Tabelle 4. Einsatzdauer von LiCl-Fühlern

Station	Beginn der Messung	Anzahl	mittlere Einsatzdauer (Jahre)
Artern	Juli 73	2	2,3
Doberlug-Kirchhain	Januar 73	3	1,7
Frankfurt/O.	Februar 74	3	1,3
Lindenberg	März 74	4	0,9
Marienberg	September 74	3	1,1
Neuruppin	November 73	3	1,4
Plauen	Mai 73	4	1,2
Wernigerode	Dezember 73	6	0,9
Wittenberg	Mai 73	1	1,4
Zinnwald	Mai 73	2	2,3

An der AFMS der Station Wittenberg befindet sich ein Taupunktfühler nunmehr seit September 1974 im Einsatz. In den Jahren 1977 und 1978 erfolgte lediglich eine Nachjustierung dieser Meßstelle. Für diese Station wurden die Meßergebnisse analysiert durch Aufstellung einer Häufigkeitsverteilung aller erhaltenen Vergleichsmessungen mit der konventionellen Meßtechnik. Das Ergebnis ist in Abb. 2 dargestellt.

Die Häufigkeitsverteilung wurde jeweils in Abschnitten von 6 Monaten ausgewertet. Auf der linken Seite der Abbildung sind die ersten drei Halbjahre nach Inbetriebnahme des Taupunktfühlers dargestellt, beginnend ab September 1974 bis Februar 1976. Es sind nur geringe Unterschiede der Häufigkeitsverteilungen zu erkennen. Die folgenden vier Halbjahre dagegen zeigen eine fortlaufende Drift des Taupunktfühlers deutlich an, wie auf dem mittleren Teil der Abbildung zu ersehen ist. Entsprechend der bereits erwähnten mittleren Lebensdauer von 1,3 Jahren wäre ein Austausch des Fühlers auch in diesem Falle erforderlich gewesen. Die Streuung der Einzelwerte nimmt zu, die Zuverlässigkeit der Einzelbeobachtung läßt im letzten Halbjahr — September 77 bis Februar 78 (durch Kreuze gekennzeichnet) — deutlich nach und erreicht nicht mehr die Ergebnisse, die mit dem Taupunktfühler zu erhalten sind.

Auf der rechten Seite der Abbildung ist das Gesamtergebnis (ausgezogene Linie) dargestellt. Es ergibt sich eine recht gute Normalverteilung der Differenzen der Vergleichsmessungen, die zuvor analysierten Details werden hier nicht erkannt.

Die Verteilung der Differenzen der Lufttemperatur für den gleichen Gesamtzeitraum ist als Vergleich gestrichelt eingetragen. Sie entspricht den Erwartungen und läßt erkennen, daß 51 % aller Vergleichswerte lediglich um ±0,1 K differieren, nur 4 % der Abweichungen größer ±0,5 K sind und schließlich ±1 K überhaupt nicht eintritt.

Im Rahmen dieses Symposiums kann nur kurz auf einige Erfahrungen mit dem LiCl-Taupunktfühler eingegangen werden. Die aufgezeigten Aspekte lassen aber erkennen, daß dieser einfache Geber für automatische Stationen in unserem Klimagebiet, wo nur selten Temperaturen unter —20 °C auftreten, als brauchbar anzusehen ist, wenn durch gezielten Service und in enger Zusammenarbeit mit dem Stationspersonal seine Funktion sorgfältig überwacht wird. Weiterhin wird künftig auch noch mit weiteren Verbesserungen gerechnet, die seine Meßleistung noch erhöhen werden. Diese Arbeit, die der MD der DDR mit dem HMD der UdSSR durchführt, sollte durch die vorgetragenen Erfahrungen im positiven Sinne tatkräftig unterstützt werden.

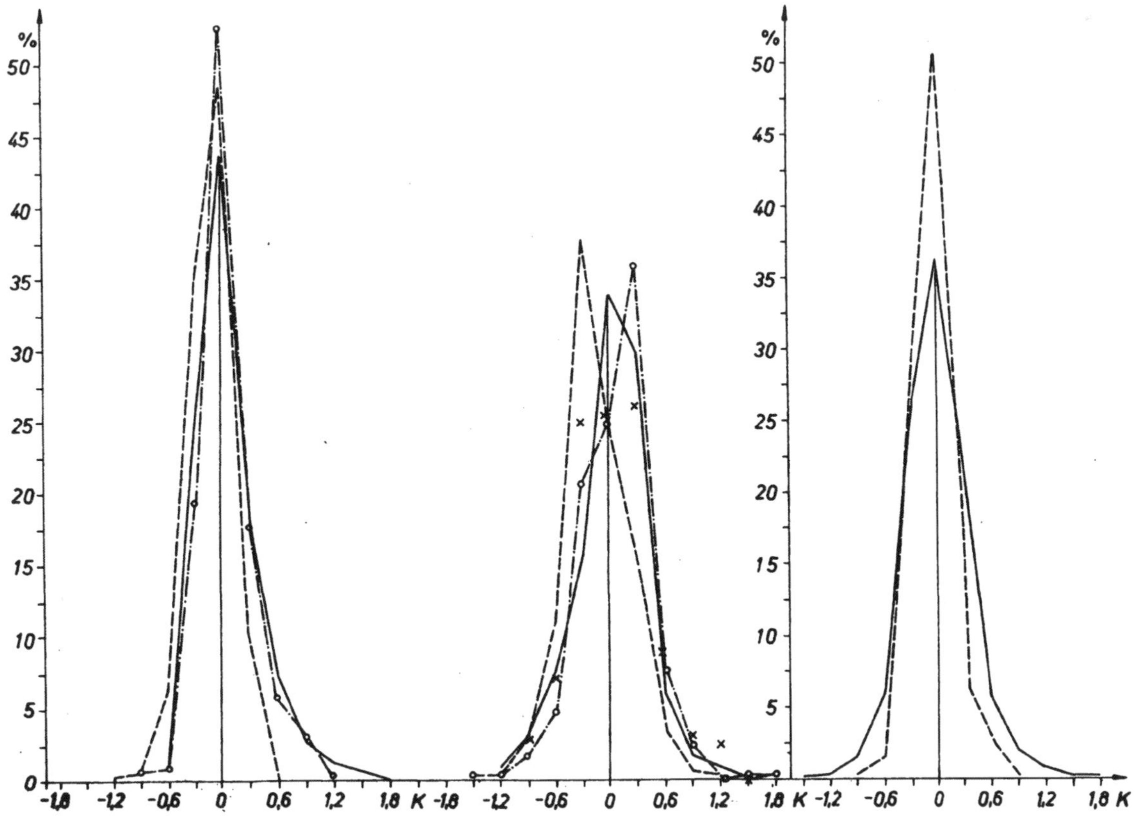

Abb. 2. Häufigkeitsverteilung der Taupunkttemperatur zwischen konventioneller und automatischer Beobachtung der AFMS ohne Geberaustausch am Beispiel der MS Wittenberg

Das elektrische Aspirationspsychrometer EAP 1 als Meßwertgeber für die AFMS

von D. SONNTAG (DDR)

1. Beschreibung des elektrischen Aspirationspsychrometers EAP 1

Gemeinsam mit dem Bereich Schöneweide des Zentrums für wissenschaftlichen Gerätebau der Akademie der Wissenschaften der DDR wurde ein in einigen Teilen von der CIMO der WMO vorgeschlagenes elektrisches Aspirationspsychrometer entwickelt, das die Bezeichnung EAP 1 erhielt und seit 1974 in Serie gebaut wird [1].

Die Meßeinheit, die in leicht abgeänderter Form nach der CIMO-V „Specification for a Reference Psychrometer“ [2] konstruiert wurde, besteht aus einem äußeren und einem inneren Kanal und unterteilt sich in den Psychrometer-, den Verlängerungs- und den Reduktionssektor (Abb. 1). Der Psychrometersektor ist der Hauptteil. Der Zweck des Verlängerungssektors ist es, den Psychrometersektor thermisch und hydrodynamisch von den anderen Teilen der Meßeinheit zu isolieren. Im Reduktionssektor wird der Querschnitt des Kanals so weit reduziert, daß am Ausgang ein Ventilator angesetzt werden kann, der Luft aus der Atmosphäre durch die Meßeinheit saugt. Der innere Kanal wird durch eine Trennwand in zwei Teile geteilt, die das Feucht- und das Trockenthermometer enthalten. Um Reflexionen im Inneren auszuschließen, ist das Gerät innen geschwärzt und außen farblos anodisch oxydiert. Als Material wird das korrosionsfeste AlMg 5 verwendet.

Das EAP 1 ist mit Pt-100-Widerstandsthermometern ausgerüstet. Das trockene Thermometer hat eine elektrisch getrennte Doppelwicklung, so daß an der automatisch fernmeldenden meteorologischen Station (AFMS) die Lufttemperatur t und die psychrometrische Differenz $(t - t')$ gemessen werden kann.

Das Ziel der Entwicklung war, ein elektrisches Aspirationspsychrometer für die AFMS zu erhalten, das die gleiche Trocken- und Feuchttemperatur wie das ASSMANNsche Aspirationspsychrometer mißt, damit die gleichen Aspirationspsychrometer-Tafeln bzw. -Tabellen verwendet werden können wie sie für das ASSMANNsche Aspirationspsychrometer berechnet worden sind und wie sie in gedruckter Form vorliegen. Um dieses Ziel zu erreichen, war es notwendig, den Wärmefluß durch die dünne Cu-Litze zur Pt-Wicklung des feuchten Thermometers mit Hilfe eines Stücks Aurotandraht 43 zu unterbrechen [3]. Aurotandraht 43 hat einen sehr geringen Temperaturkoeffizienten und ein geringes Wärmeleitvermögen. Die Einschaltung des Stücks Widerstandsdraht konnte gleichzeitig ausgenutzt werden, um die Pt-100-Thermometer genauestens abzugleichen, so daß keine Thermometerkorrektionen angebracht werden müssen. Die eine Wicklung für die Lufttemperatur hat deshalb den Pt-Normalwert plus 0,2 Ω, und die beiden Wicklungen für die psychrometrische Differenz haben jeweils den Pt-Normalwert plus 5,0 Ω. Die Pt-Thermometer sind auf ±0,05 K genau abgestimmt.

Um eine gegenseitige Beeinflussung des Trocken- und Feuchtthermometers möglichst gering zu halten, wurde das kühlere Feuchtthermometer unten angeordnet. Damit eine ausreichende Befeuchtung des Meßfühlers gewährleistet ist, wird dieser von beiden Seiten befeuchtet. Rechts und links in den Zwischenraum zwischen innerem und äußeren Kanal wird der Befeuchtungsstrumpf in kleine Befeuchtungsbehälter geführt. Es braucht somit der Befeuchtungsstrumpf nicht aus dem äußeren Kanal herausgeführt zu werden, so daß er weitestgehend vor Erwärmung geschützt ist. Das Volumen der beiden Befeuchtungsbehälter ist möglichst klein gehalten, um das in ihnen befindliche Wasser vorkühlen zu können. Hierzu ist in den Befeuchtungsbehältern je ein mit einem Befeuchtungsstrumpf überzogenes Kühlrohr angeordnet. Gleichzeitig soll dieses Kühlrohr den Befeuchtungsstrumpf auf der Strecke bis zum Feuchtthermometer vor zu großer Verdunstung bei gleichzeitiger Kühlung schützen und als Halterung des Strumpfes dienen (Abb. 2).

Durch die Verdunstung am Feuchtthermometer wird ständig über den Befeuchtungsstrumpf Wasser nachgesaugt. Damit sich der Wasserspiegel in den

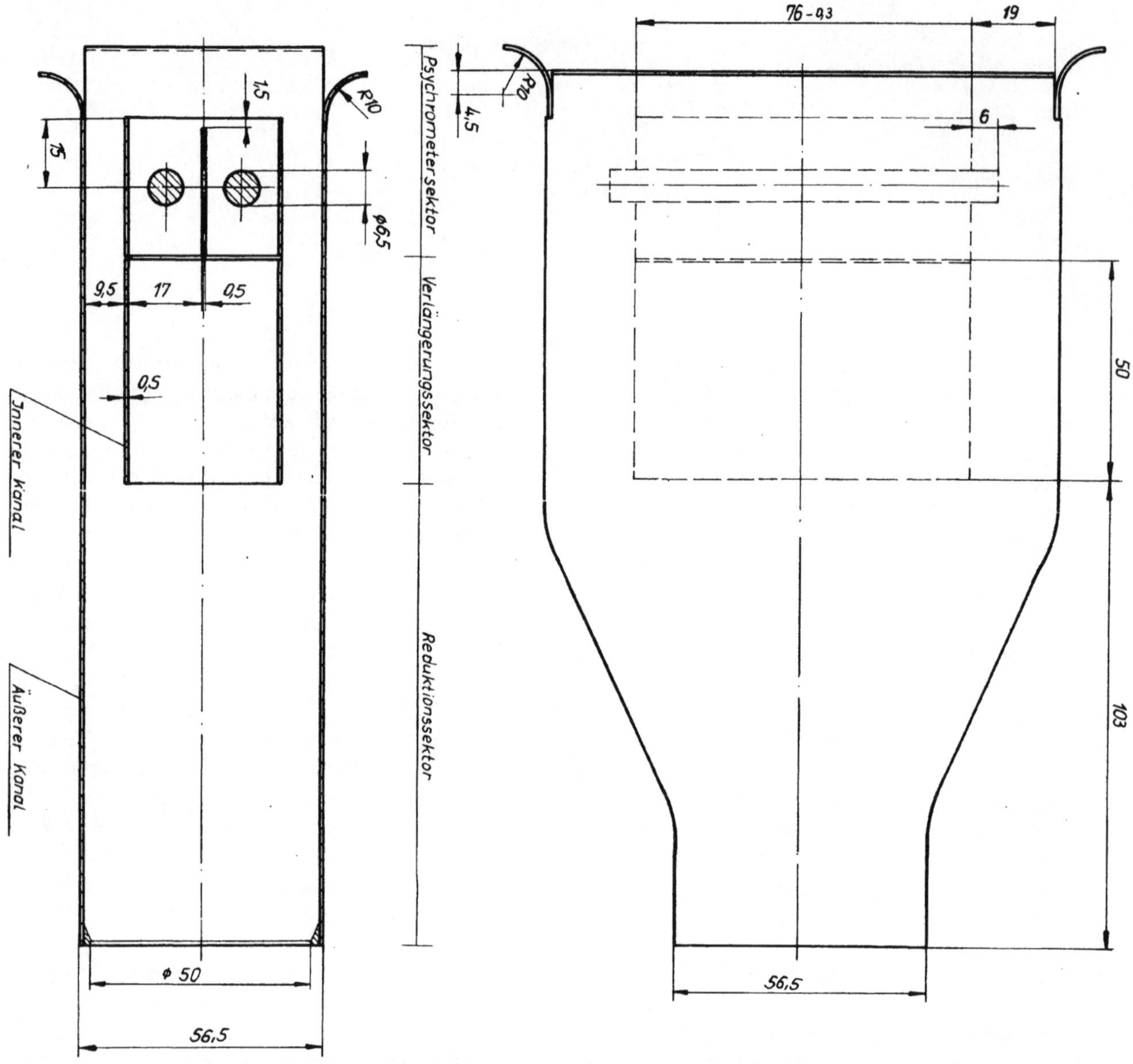

Abb. 1. Grundaufbau des elektrischen Aspirationspsychrometers

beiden Befeuchtungsbehältern nicht senkt und somit die Ansaugstrecke nicht zunehmend ändert, muß entsprechend Wasser aus einem Wasservorratsbehälter nachgeliefert werden. Dieser Behälter enthält 330 cm³ destilliertes Wasser. Er ist luftdicht abgeschlossen und über der Meßeinheit angeordnet (Abb. 3). Über ein Fallrohr läuft das Wasser in den Wasserbehälter. Wenn der Wasserspiegel durch Verdunstung bis unter die Öffnung des Steigrohres sinkt, kann Luft durch dieses in den Wasservorratsbehälter gelangen, und es fließt Wasser durch das Fallrohr nach, bis die Öffnung des Steigrohres wieder verschlossen ist. Durch den entstehenden Unterdruck wird der Wassernachfluß beendet. Auf diese Art wird die Höhe des Wasserspiegels im Wasserbehälter und in den kleinen Befeuchtungsbehältern unabhängig von der Größe der Verdunstung konstant gehalten.

Damit das Wasser beim Öffnen des Wasservorratsbehälters zum Nachfüllen nicht herauslaufen kann, wird hierzu das Fallrohr mit einem Absperrhahn abgeschlossen. Das Schließen des Hahnes erfolgt beim Aufklappen der Abdeckhaube automatisch. Da man erst nach Öffnen der Abdeckhaube an den Verschluß des Wasservorratsbehälters gelangt, kann keine Fehlbedienung erfolgen.

Der in Abb. 2 gezeigte Geräteteil steht auf einem speziellen Ständer mit Kugelgelenkeinstellung.

Der Ventilator wurde speziell für das Psychrometer konstruiert und wird mittels eines Gleichstrom-Nebenschluß-Motors 12 V/0,5 A mit einer Drehzahl von 6000 U/min betrieben.

An den Widerstandsthermometern wird damit die Luft mit 3,5 m/s vorbeigesaugt. Die Zeitkonstante der Thermometer ist bei dieser Geschwindigkeit

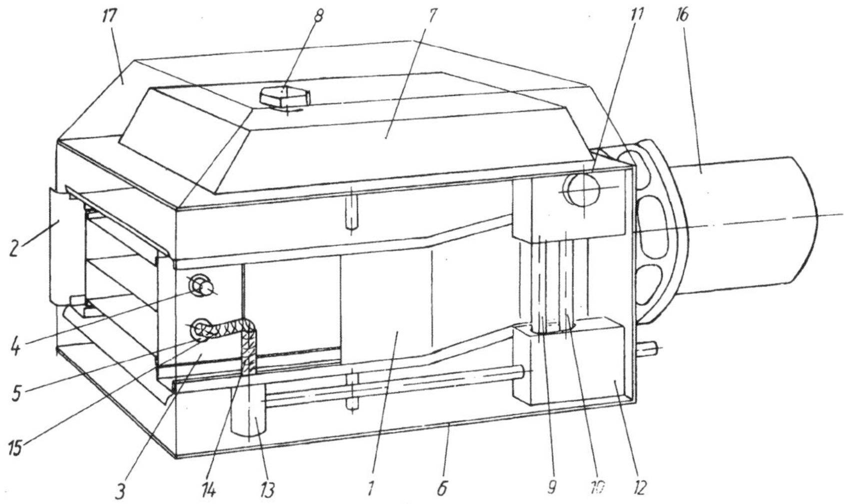

Abb. 2. Elektrisches Aspirationspsychrometer EAP 1
1 — äußerer Kanal, *2* — Schiebeblech, *3* — innerer Kanal, *4* — trockenes Widerstandsthermometer, *5* — feuchtes Widerstandsthermometer, *6* — Grundblech, *7* — Wasservorratsbehälter, *8* — Verschlußschraube, *9* — Steigrohr, *10* — Fallrohr, *11* — Absperrhahn, *12* — Wasserbehälter, *13* — kleiner Befeuchtungsbehälter, *14* — Kühlrohr mit kurzem Befeuchtungsstrumpf, *15* — Befeuchtungsstrumpf, *16* — Ventilator, *17* — Abdeckhaube,

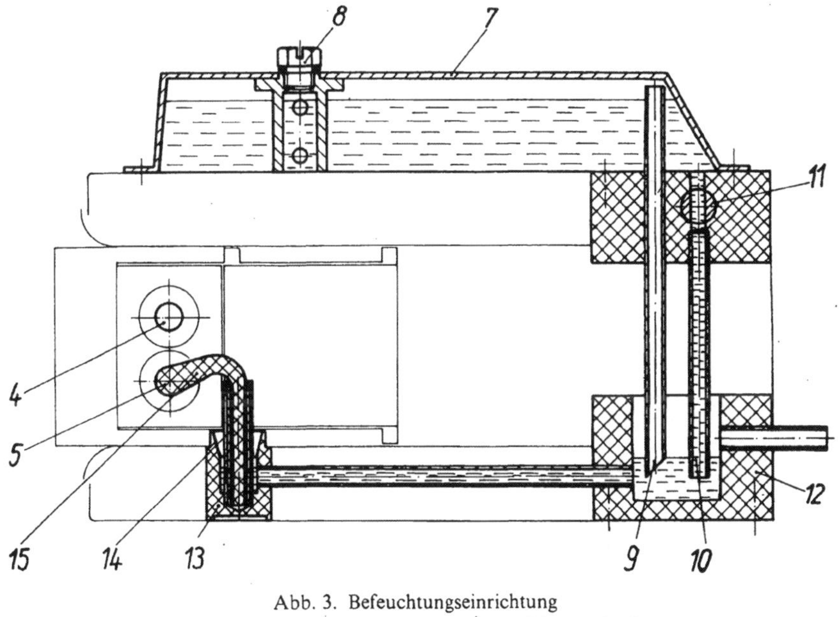

Abb. 3. Befeuchtungseinrichtung
(Erläuterung der numerierten Teile siehe bei Bildunterschrift Abb. 2)

ca. 40 s. Um die Trägheit des trockenen und feuchten Thermometers gleich zu machen, wird das Alu-Rohr, in dem das feuchte Widerstandsthermometer sitzt, außen mit Epoxidharz Epasol EP 11 (VEB Asol-Chemie, Berlin) überzogen. Darüber sitzt dann der Befeuchtungsstrumpf.

2. Laborerprobung des EAP 1

Im Labor wurde die Entwicklung solange fortgesetzt, bis die Meßwerte des EAP 1 mit denen eines ASSMANNschen Aspirationspsychrometers übereinstimmten. Dann wurden das EAP 1 und das ASSMANNsche Aspirationspsychrometer mit einer Absolutapparatur beim polnischen Komitee für Standardisierung und Meßwesen in Warschau verglichen. Auf Grund dieser Messungen zeigte das Trockenthermometer des EAP 1 0,1 K zu wenig an. Durch Kürzung der Länge des Thermometers um 6 mm wurde dieser Fehler behoben. Die beiden Enden des trockenen Thermometers wurden im Außenkanal, in den sie auf beiden Seiten um 3 mm ragten, gekühlt. Anschließend fand noch eine Erprobung im Labor mit einer angeschlossenen automatischen fernmeldenden meteorologischen Station (AFMS) statt. Der Vergleich wurde wieder mit dem ASSMANNschen Aspirationspsychrometer durchgeführt. Das EAP 1 stimmt mit dem ASSMANNschen Aspirationspsychrometer auf ±0,1 K bei beiden Thermometern überein.

Im Instrumentenamt des HMD der UdSSR wurde das EAP 1 — gemäß der Zusammenarbeit bei der Entwicklung von Feuchtigkeitsmeßwertgebern für automatische fernmeldende Stationen — in bezug auf die Einwirkung von Infrarotstrahlung untersucht. Für die praktisch vorkommenden Fälle wurde kein Einfluß gefunden.

3. Felderprobung des EAP 1

Die Felderprobung des elektrischen Aspirationspsychrometers EAP 1 wird gegenwärtig an mehreren meteorologischen Stationen, die mit AFMS ausgerüstet sind, durchgeführt. Alle eingesetzten EAP 1 arbeiteten bisher einwandfrei. Um einer vorzeitigen Verschmutzung des Befeuchtungsstrumpfes entgegenzuwirken, hat sich eine wöchentliche Abpinselung des Befeuchtungsstrumpfes mit destilliertem Wasser bewährt. Dadurch wird ein Strumpfwechsel erst nach vielen Monaten nötig.

Bisher konnten systematische Abweichungen der zum Vergleich eingesetzten Hüttenaspirationspsychrometer mit Glasthermometern (Gefäßdurchmesser 10 mm) und LiCl-Taupunktfühler gefunden werden, deren Ursachen geklärt werden konnten. Verbesserungen für die Vergleichsmeßfühler wurden vorgeschlagen.

Somit erwies sich das elektrische Aspirationspsychrometer EAP 1 bisher tatsächlich — wie anfangs erwähnt — als ein „Referenzpsychrometer", da damit bei anderen Meßgeräten Abweichungen erkannt werden konnten. Das entspricht auch dem Ziel der CIMO der WMO, mit Hilfe eines Referenzgerätes die meteorologischen Meßnetze zu überprüfen, um ein genaues Arbeiten der Feuchtigkeitsmeßinstrumente international zu erreichen.

Da das elektrische Aspirationspsychrometer EAP 1 nur in frostfreien Zeiten eingesetzt werden kann, ist es erforderlich, an der AFMS noch einen zusätzlichen Feuchtigkeitsmeßfühler zu haben, der das ganze Jahr über eingesetzt werden kann. Als solcher dient der LiCl-Taupunktfühler.

Literatur

[1] SCHÄDLICH, R., SONNTAG, D., Ein elektrisches Aspirationspsychrometer nach einem WMO-Vorschlag. Z. Meteor. **25** (1975) 4, 236—247.

[2] World Meteorological Organization. Specification for a Reference Psychrometer. WMO/CIMO-V, Fifth Session, Paris 1969, Section 1, Appendix B.

[3] SONNTAG, D., Widerstandsthermometer-Psychrometer. DDR-Wirtschaftspatent Nr. 116507 vom 20. 11. 1975.

Aufbau und Erprobung von Lyman-Alpha-Feuchtigkeitsmeßgeräten

von D. Sonntag (DDR)

In den Jahren 1975 bis 1977 wurden im Berliner Labor des Instrumentenamtes des Meteorologischen Dienstes der DDR zwei im Institut für Elektronik der Akademie der Wissenschaften der DDR [1, 2, 3] entwickelte Versuchsaufbauten von Lyman-Alpha-Feuchtigkeitsmeßgeräten erprobt. Im Verlaufe der Erprobungen wurden die Geräte weiter verbessert.

Der Aufbau eines solchen Gerätes besteht aus einer Lyman-Alpha-Strahlungsquelle und einer der Strahlungsquelle gegenüberliegenden Ionisationskammer. Dazwischen liegt die Meßstrecke. Weiter gehören dazu die Stromversorgung und einige elektronische Baugruppen (Abb. 1). Die Strahlungsquelle ist eine Hohlkatodenlampe mit einer Wasserstoffgasfüllung bei einem Innendruck von 7 mbar. Das Gehäuse besteht aus einem Rasothermglaskolben von 230 mm Länge und einem Durchmesser von 60 mm. Das Austrittsfenster der Strahlungsquelle war anfangs ein LiF-Filter, jetzt ist es ein MgF_2-Filter mit spezieller Oberflächenbehandlung. Die ausgesandte Strahlung liegt bei einer Wellenlänge von 121,6 nm.

Die Ionisationskammer ist eine Keramikhülse mit einer NO-Füllung, einer vergoldeten Kupferhülse als Katode und einem Nickelstab als Anode.

Die elektrischen Baugruppen bestehen im wesentlichen aus einem Fotometerverstärker, einer Verzögerungsschaltung zur Wahl verschiedener Zeitkonstanten von 0,1 s, 6 s und 90 s und den Stromversorgungsblöcken für die Strahlungsquelle und das Fotometer.

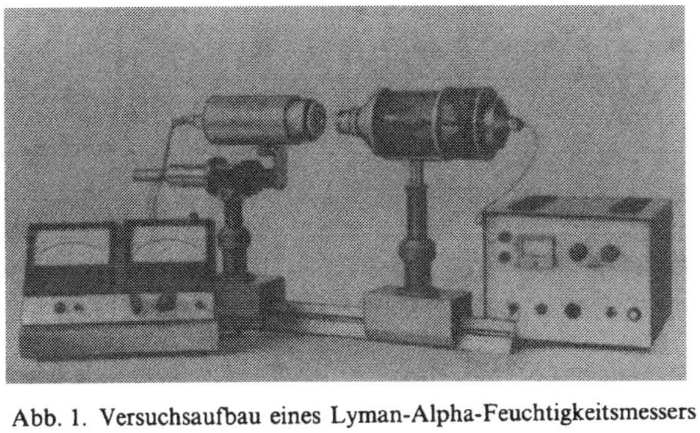

Abb. 1. Versuchsaufbau eines Lyman-Alpha-Feuchtigkeitsmessers

Der Fotometerverstärker dient zur Umwandlung des von der Ionisationskammer gelieferten Stromes von 10^{-11} bis 10^{-9} A über Hochohmwiderstände in eine proportional verstärkte Gleichspannung mit Untersetzungen in 3 Bereichen, so daß das Ausgangssignal immer 0 bis 10 V beträgt. Dieses Ausgangssignal entspricht dann im empfindlichen Bereich 0 bis 10 V, im mittleren Bereich 0 bis 100 V und im unempfindlichen Bereich 0 bis 1000 V.

Das Ausgangssignal ist bei konstantem Strahlungsfluß eine Funktion der Meßstreckenlänge und der Teilchendichte von molekularem Wasserdampf (auch Moleküldichte des Wasserdampfes genannt).

Die Schwächung der Lyman-Alpha-Strahlung ($\lambda =$ 121,6 nm) des Strahlungsflusses Φ_0, die in eine homogene Schicht eines Gasgemisches (trockene Luft + Wasserdampf) der Dicke d eindringt, ist

$$\Phi = \Phi_0\, e^{-(k_{tr}+k_{H_2O})\,d}, \qquad (1)$$

k_{tr} = Absorptionskoeffizient der trockenen Luft,
k_{H_2O} = Absorptionskoeffizient des Wasserdampfes.

Es kann geschrieben werden

$$k_{H_2O} = \sigma_{H_2O} \cdot n_{H_2O}, \qquad (2)$$

wobei σ_{H_2O} der Absorptionsquerschnitt von molekularem Wasserdampf und n_{H_2O} die Teilchendichte von molekularem Wasserdampf in der Schicht d ist. Die beiden Absorptionskoeffizienten können auch als Gesamtabsorptionskoeffizient

$$k_g = k_{tr} + k_{H_2O} \qquad (3)$$

zusammengefaßt werden.

Da der Strahlungsfluß Φ der Ausgangsspannung U proportional ist, ist

$$\Phi = K \cdot U \quad \text{und} \quad \Phi_0 = K \cdot U_0, \qquad (4)$$

und es kann (1) auch mit (2) geschrieben werden

$$U = U_0^{-(k_{tr}+\sigma_{H_2O}\cdot n_{H_2O})\,d}. \qquad (5)$$

Wenn mit einer festen Meßstrecke d gearbeitet wird, sind die unbekannten Konstanten U_0, k_{tr} und σ_{H_2O} zu bestimmen. Die Teilchendichte des molekularen

Wasserdampfes n_{H_2O} variiert entsprechend mit der Taupunktstemperatur oder absoluten Feuchtigkeit.

Wenn mit F die absolute Feuchtigkeit in $\frac{g}{m^3}$ bei Sättigung bezeichnet wird und mit m_{H_2O} die Masse eines Wasserdampfmoleküls in g, so ist

$$n_{H_2O} = \frac{F \cdot 10^{-6}}{m_{H_2O}} = \frac{F \cdot 10^{-6}}{29{,}91555 \cdot 10^{-24}} \frac{g}{cm^3} \frac{\text{Moleküle}}{g}$$

$$= \frac{F}{29{,}91555} 10^{18} \frac{\text{Moleküle}}{cm^3}. \quad (6)$$

F steht zum Sättigungsdampfdruck des Wasserdampfes in mbar und der Temperatur T in K in folgender Beziehung

$$F = \frac{216{,}6753}{T} E \frac{g}{m^3}. \quad (7)$$

Damit wird nun auch

$$n_{H_2O} = \frac{E}{29{,}91555} \frac{216{,}6753}{T} 10^{18} \frac{\text{Moleküle}}{cm^3}$$

$$= 7{,}2429 \frac{E}{T} 10^{18} \frac{\text{Moleküle}}{cm^3}. \quad (8)$$

Da der Sättigungsdampfdruck des Wassers eingesetzt wurde, ist die Temperatur T auch gleich der Taupunktstemperatur T''. Es besteht dann zwischen n_{H_2O} und T'' die Beziehung

$$n_{H_2O} = 7{,}2429 \frac{E}{T''} 10^{18} \frac{\text{Moleküle}}{cm^3}. \quad (9)$$

Wenn T'' mit einem anderen Feuchtigkeitsmeßgerät (z. B. einem Aspirationspsychrometer) ermittelt wird, läßt sich n_{H_2O} berechnen. Die Bestimmung von n_{H_2O} ist die Voraussetzung für die Bestimmung der Konstanten U_0, k_{tr} und σ_{H_2O}. Die Werte k_{tr} und σ_{H_2O} sind für eine bestimmte Lampe und ein bestimmtes Fotometer Konstanten. U_0 hängt von der eingestellten Lampenstromstärke ab.

Bestimmung von k_{tr}, σ_{H_2O} und U_0

Es werden bei zwei Abständen Lampe-Fotometer d_1 und d_2 die Spannungen U_1 und U_2 in Volt gemessen. Mit Hilfe eines anderen Feuchtigkeitsmeßinstrumentes ist n_{H_2O} nach Gleichung (8) zu berechnen.

Es ist dann mit

$$k_g = k_{tr} + \sigma_{H_2O} \cdot n_{H_2O}, \quad (10)$$

$$U_{d_1} = U_0 \cdot e^{-k_g \cdot d_1}, \quad (11)$$

$$U_{d_2} = U_5 \cdot e^{-k_g \cdot d_2}. \quad (12)$$

und somit

$$k_g = \frac{\ln \frac{U_{d_1}}{U_{d_2}}}{d_2 - d_1}. \quad (13)$$

σ_{H_2O} erhält man, wenn man bei konstantem Abstand d bei zwei verschiedenen n_{H_2O}, die mit n_1 und n_2 bezeichnet werden, die Spannungen U_{n_1} und U_{n_2} in Volt mißt.

$$U_{n_1} = U_0 \cdot e^{-k_{tr} \cdot d - \sigma_{H_2O} \cdot n_1 \cdot d}, \quad (14)$$

$$U_{n_2} = U_0 \cdot e^{-k_{tr} \cdot d - \sigma_{H_2O} \cdot n_2 \cdot d}. \quad (15)$$

Es wird dann daraus

$$\sigma_{H_2O} = \frac{\ln \frac{U_{n_1}}{U_{n_2}}}{d(n_2 - n_1)}. \quad (16)$$

Man erhält weiterhin aus (10) und (16)

$$k_{tr} = k_g - \sigma_{H_2O} \cdot n_{H_2O}, \quad (17)$$

wobei das n_{H_2O} zu benutzen ist, das bei der Bestimmung von k_g nach (13) konstant blieb.

Schließlich kann U_0 berechnet werden nach

$$U_0 = U \cdot e^{k_g \cdot d}, \quad (18)$$

da bei einem bestimmten n_{H_2O} eine bestimmte Spannung U angezeigt wird. k_g erhält man mit den Konstanten k_{tr} und σ_{H_2O} aus Formel (10).

Da bei den Berechnungen für jeden der beiden Abstände d_1 und d_2 je zwei Ausgangsspannungswerte U_{n_1} und U_{n_2} bei n_1 und n_2 zur Verfügung stehen, kann man für jeden Abstand einen σ_{H_2O}- und einen k_{tr}-Wert bestimmen.

Hat man beim Abstand d_1 die Ausgangsspannungswerte U_{11} bei n_1 und U_{12} bei n_2 und bei d_2 die Ausgangsspannungswerte U_{21} bei n_1 und U_{22} bei n_2 gemessen (Abb. 2), so erhält man gemäß obiger Ableitung

$$k_{g,1} = \frac{1}{d_2 - d_1} \ln \frac{U_{11}}{U_{21}} \quad \text{und} \quad k_{g,2} = \frac{1}{d_2 - d_1} \ln \frac{U_{12}}{U_{22}}, \quad (19)$$

$$\sigma_1 = \frac{1}{d_1(n_2 - n_1)} \ln \frac{U_{11}}{U_{12}}$$

$$\text{und} \quad \sigma_2 = \frac{1}{d_2(n_2 - n_1)} \ln \frac{U_{21}}{U_{22}}, \quad (20)$$

$$\frac{k_{tr,1} = k_{g,1} - \sigma_1 \cdot n_1 \quad \text{und} \quad k_{tr,1} = k_{g,2} - \sigma_1 \cdot n_2}{k_{tr,1} \text{ als Mittelwert}} \qquad \frac{k_{tr,2} = k_{g,1} - \sigma_2 \cdot n_1 \quad \text{und} \quad k_{tr,2} = k_{g,2} - \sigma_2 \cdot n_2}{k_{tr,2} \text{ als Mittelwert}}, \quad (21)$$

$$\frac{U_{0,1} = U_{11} \cdot e^{k_{g,1} \cdot d_1} \quad \text{und} \quad U_{0,1} = U_{12} \cdot e^{k_{g,2} \cdot d_1}}{U_{0,1} \text{ als Mittelwert}} \qquad \frac{U_{0,2} = U_{21} \cdot e^{k_{g,1} \cdot d_2} \quad \text{und} \quad U_{0,2} = U_{22} \cdot e^{k_{g,2} \cdot d_2}}{U_{0,2} \text{ als Mittelwert}}. \quad (22)$$

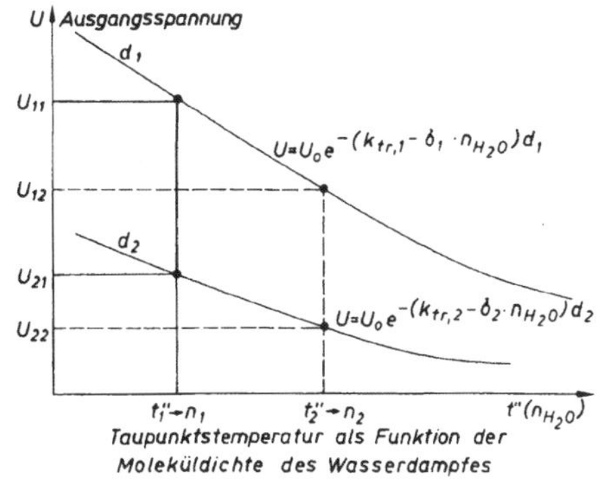

Abb. 2. Darstellung zur Eichkurvenberechnung

Es hat sich nun gezeigt, daß eine weitere Mittelwertbildung zwischen den Konstanten mit Index 1 des Abstandes d_1 und den Konstanten mit Index 2 des Abstandes d_2 nur näherungsweise möglich ist. Für genaueres Arbeiten sollten die Eichkurven berechnet und gezeichnet werden nach

$$\text{für } d_1\text{:}\quad U_1 = U_{0,1} \cdot e^{-(k_{tr,1}+\sigma_1 \cdot n_{H_2O})\,d_1}, \qquad (23)$$

$$\text{für } d_2\text{:}\quad U_2 = U_{0,2} \cdot e^{-(k_{tr,2}+\sigma_2 \cdot n_{H_2O})\,d_2}. \qquad (24)$$

Meist wird für die Praxis die Eichkurve nach Gleichung (23) verwendet. Man hält dann für die weiteren Messungen d_1 = konstant.

Die Eichung der Lyman-Alpha-Feuchtigkeitsmesser wurde mit 2 verschiedenen Meßstrecken mit einer Differenz von 5 mm bei verschiedenen Taupunktstemperaturen vorgenommen. Prinzipiell reichen für einen Bereich 2 Taupunktstemperaturen im Abstand von 5 K aus. Die Taupunktstemperaturen wurden aus den Daten eines ASSMANNschen Aspirationspsychrometers errechnet. Die Eichungen und Vergleichsmessungen, um die Langzeitkonstanz der Eichung zu ermitteln, wurden im Labor durchgeführt.

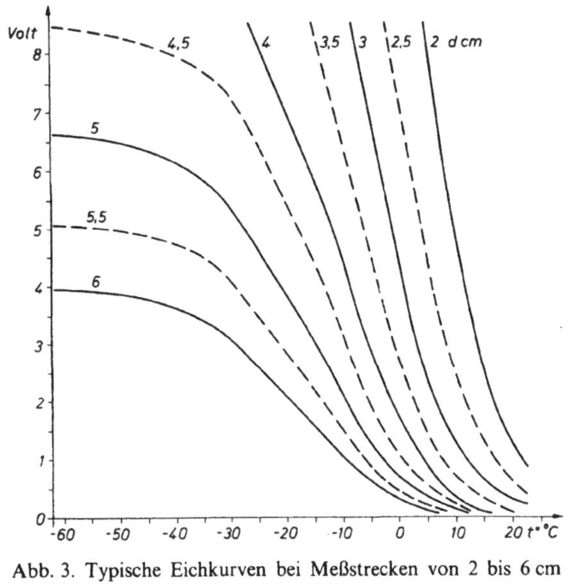

Abb. 3. Typische Eichkurven bei Meßstrecken von 2 bis 6 cm

Typische Eichkurven bei Meßstrecken von 2 bis 6 cm sind aus Abb. 3 zu ersehen.

Mit 2 Lyman-Alpha-Feuchtigkeitsmessern, bei denen Varianten der Strahlungsquelle erprobt wurden, wurden in Meßreihen von jeweils einigen Monaten viele Einzelmessungen durchgeführt, um festzustellen, ob es bei einer konstanten Taupunktstemperatur Ausgangsspannungsdriften gab. Die psychrometrisch bestimmten Taupunktstemperaturen waren auf $\pm 0{,}1$ K genau. Das ASSMANNsche Aspirationspsychrometer wurde mit der Absolutapparatur des polnischen Komitees für Standardisierung und Meßwesen in Warschau überprüft. In Warschau lagen die Messungen innerhalb dieses Fehlerbereiches. Zur Kontrolle wurden weiterhin zwei LiCl-Taupunkthygrometer verwendet. Die Messungen wurden im Bereich von 0 bis 20 °C Taupunktstemperatur t'' durchgeführt. Diese Meßwerte wurden nicht direkt zur Überprüfung des Lyman-Alpha-Wertes, der mittels eines Digitalvoltmeters auf $\pm 0{,}01$ V genau gemessen wurde, eingesetzt, sondern nur zur Kontrolle, um Meß- oder Auswertungsfehler beim Aspirationspsychrometer feststellen zu können.

Insgesamt wurden 5 Strahlungsquellen erprobt, und zwar 4 mit konstantem Strom und eine mit konstantem Strahlungsfluß. Bei der letztgenannten Strahlungsquelle wurde die Regelung des Stromes durch Fotokatoden, die im Gehäuse der Quelle angebracht waren, vorgenommen.

Ein wesentlicher Punkt der Weiterentwicklung war die Frage, welche Filter als Austrittsfenster bei der Strahlungsquelle und als Eintrittsfenster bei der Ionisationskammer im Dauereinsatz geeignet sind. Die anfangs verwendeten LiF-Filter eigneten sich nicht, da sie sehr viel Wasserdampf aus der Umgebung an der Oberfläche absorbierten und dadurch die Ausgangsspannung bei konstanter Taupunktstemperatur rasch abfiel. Außerdem wurde der Meßwert von der Durchströmungsgeschwindigkeit der Luft durch die Meßstrecke abhängig. Günstiger verhielten sich MgF_2-Filter. Sie zeigten den Ventilationseffekt nicht. Der Meßwert wurde aber abhängig von der relativen Feuchtigkeit gefunden, die einige Tage zuvor herrschte. Die Eichkurven wurden bei einer mittleren relativen Feuchtigkeit von 43% aufgenommen. Wenn die relative Feuchtigkeit über 43% anstieg, wurden nach einigen Tagen geringere Spannungen, als die Eichkurve verlangt, gemessen. Bei niedrigeren relativen Feuchtigkeiten als 43% lagen die Spannungen entsprechend höher. Die Verschiebung lag etwa bei 2 bis 6 Tagen, abhängig von der Stärke der Änderung, denn die Oberfläche des MgF_2-Filters nimmt sehr langsam Wasserdampf auf und gibt ihn langsam wieder ab. Die Zeitkonstante der Verschiebung liegt bei etwa 3 Tagen. Die Eichkurven und die Meßwerte sind aus Abb. 4 zu ersehen.

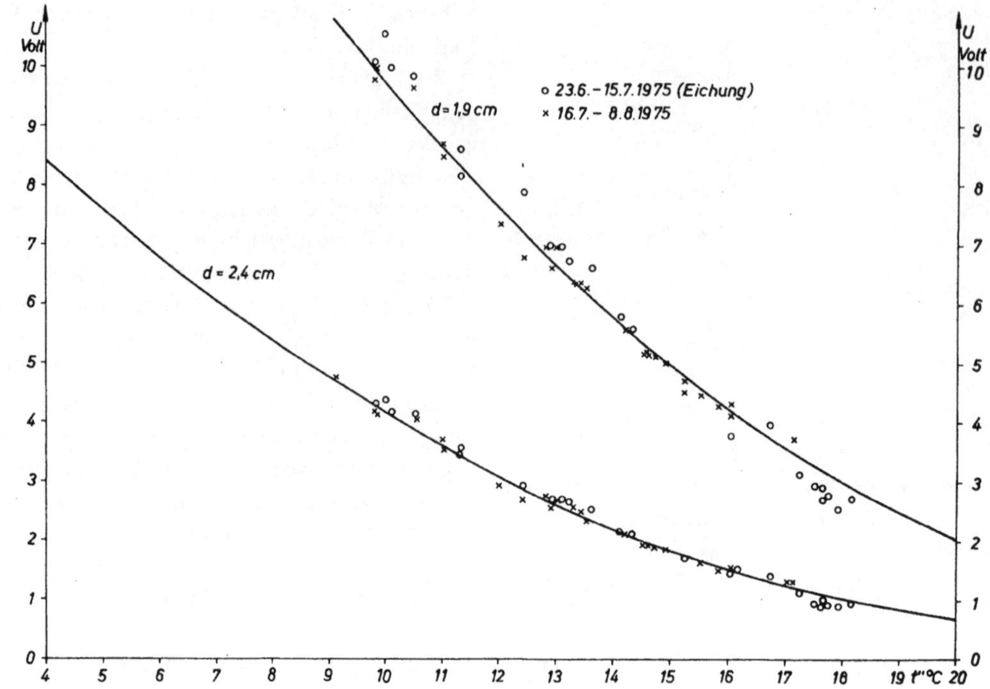

Abb. 4. Eichkurven und Meßwerte des Lyman-Alpha-Feuchtigkeitsmessers Nr. 1 mit MgF_2-Filtern bei verschiedenen Taupunktstemperaturen t''

Die Abweichungen, die Temperaturen, die Taupunktstemperaturen und die relativen Feuchtigkeiten sind in Abb. 5 eingetragen.

Der eben geschilderte Effekt konnte ausgeschaltet werden, indem die MgF_2-Filter mit einem wasserabweisenden Film aus Dimethyldichlorsilan bedampft wurden. Dieser Vorgang heißt Hydrophobierung.

Ergebnisse mit derart behandelten Filtern (Abb. 6) zeigten ein langsames Absinken der Meßwerte, sogar bei absinkender relativer Feuchtigkeit in einem Zeitraum von 5 Monaten. Das Absinken des Meßwertes hat hier zwei Ursachen: Einmal verstaubten die außen liegenden Filteroberflächen, und zum anderen wurden die innen liegenden Filteroberflächen mit Katodenmaterial bestaubt.

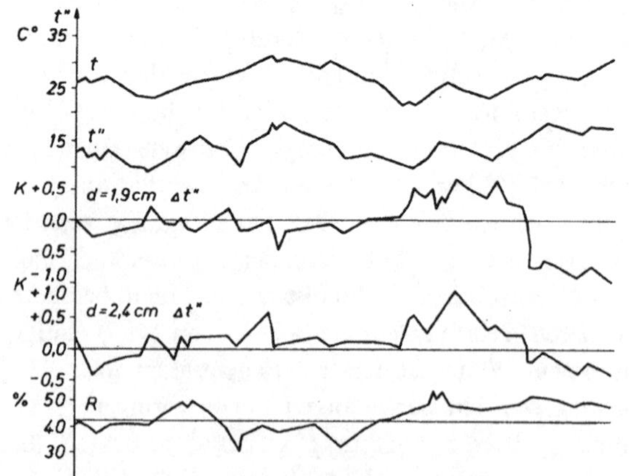

Abb. 5. Lyman-Alpha-Feuchtigkeitsmesser Nr. 1 mit MgF_2-Filtern: Lufttemperaturen t, Taupunktstemperaturen t'', Abweichungen der gemessenen Taupunktstemperatur von der Eichkurve $\Delta t''$ bei $d = 1{,}9$ cm und $d = 2{,}4$ cm und die relative Feuchtigkeit R

Die Verstaubung der außen liegenden Filteroberflächen wurde dann bei der auf konstanten Strahlungsfluß geregelten Strahlungsquelle durch Umkleidung der Meßstrecke mit wasserdampfdurchlässiger Polyäthylenfolie von 20 μm Stärke verhindert.

Ein Abwaschen mit einem chemischen Mittel — wie z. B. Alkohol — ist nicht ratsam, da dadurch der Schutzfilm zerstört wird. Bei zukünftigen Strahlungsquellen wird die Innenbestaubung durch Katodenmaterial herabgesetzt, und zwar durch Verwendung eines wesentlich geringeren Stromes und andere Anordnung der Fotokatoden zur Regelung des Strahlungsflusses.

Gegenwärtig werden die Labormessungen fortgeführt und gleichzeitig feldverwendungsfähige Lyman-Alpha-Feuchtigkeitsmesser gebaut. Bei diesen neuen Geräten wird die Elektronik und die Strahlungsquelle auf einer Temperatur von über 20 °C gehalten, da sich besonders durch die Untersuchungen, die beim Instrumentenamt des Hydrometeorologischen Dienstes der UdSSR in Moskau durchgeführt wurden, zeigte, daß die Strahlungsquellen bei negativen Temperaturen instabil arbeiten.

Die Entwicklung von Strahlungsquellen, die bei allen Temperaturen gleich gut arbeiten, ist sehr aufwendig. Solche Quellen stehen zur Zeit noch nicht zur Verfügung.

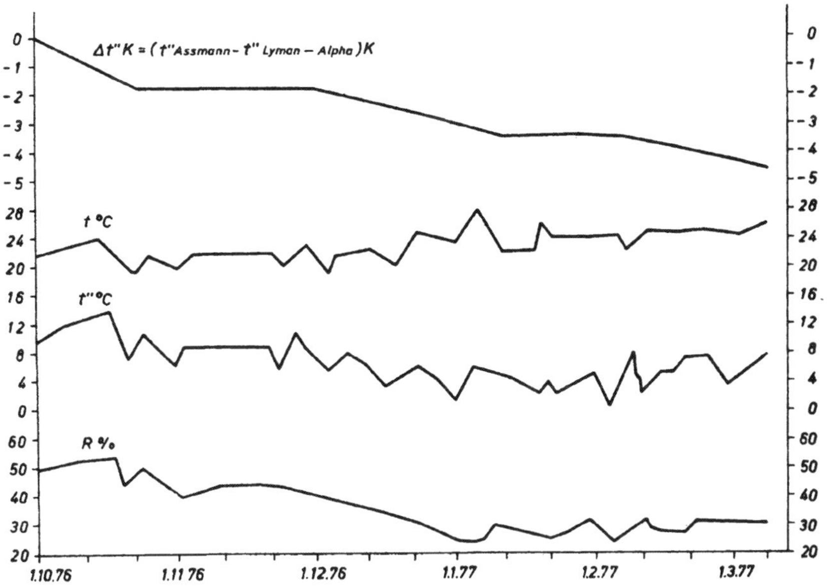

Abb. 6. Lyman-Alpha-Feuchtigkeitsmesser Nr. 1 mit hydrophobiertem MgF_2-Filtern: Abweichungen der gemessenen Taupunktstemperaturen von der Eichkurve $\Delta t''$, Lufttemperatur t, Taupunktstemperatur t'' und relative Feuchtigkeit R

Literatur

[1] Martini, L., Stark, B., Hunsalz, G., Elektronisches Lyman-Alpha-Feuchtigkeitsmeßgerät. Z. Meteor. **23** (1973) 11/12, 313—322.

[2] Martini, L., Stark, B., Hunsalz, G., Elektronisches Ultraviolett-Spektralhygrometer zur Bestimmung der absoluten Feuchtigkeiten in Luft und anderen Gasen. DDR-Patent. Nr. 109076 vom 12. 10. 1974.

[3] Martini, L., Stark, B., Hunsalz, G., Lyman-Alpha-Hygrometer. messen, steuern, regeln **18** (1975), 207—209.

Die automatische hydrometeorologische Station AGMS-NN

von A. L. Zlatin (UdSSR)

Zusammenfassung

Diese Station ist hauptsächlich für eine Installierung in unbewohnten und schwer zugänglichen Gebieten bestimmt. Sie ist eine Station der 2. Generation. Die grundlegenden Besonderheiten und Kennziffern der neuen Station sind:

1. Sie hat zwei Betriebsarten: regulär („meteo") mit einer Übermittlung der Beobachtungsergebnisse an ein Sammelzentrum alle 3 Stunden und eine Schwellenwertbetriebsart (storm), wo stündlich eine Abfrage der entsprechenden Geber erfolgt und die Beobachtungsergebnisse nur bei einer Sturmsituation übermittelt werden.

2. Das Meßsystem für die Betriebsart „meteo" ist eine Kombination von 14 Kanälen, von denen jeder im Allgemeinfall einen Geber sowie Vorrichtungen, die für eine Umwandlung der Meßgröße in einen Code dienen, enthält.

3. Als Hauptausgangsparameter der Geber dient eine Frequenz im Bereich 0—500 Hz und eine Impulszahl von 0 bis 999; vorgesehen ist die Möglichkeit einer Arbeit auf anderen Frequenzen und Impulszahlen. Die durch eine Frequenz dargestellten Signale werden über eine Zeit von 1 bis 10 Minuten gemittelt.

4. Die Station ist für einen Betrieb mit einer Funkapparatur vorgesehen: a) für akustischen Empfang (Morse-Code) und b) für automatisierten Informationsempfang (Funkfernschreiber).

5. Der diskrete bzw. quasidiskrete Charakter der Ausgangssignale der Geber und die autonome Struktur des Meßsystems ermöglichen eine Modul-Block-Konstruktion und damit eine Vereinfachung von Modifikationen. Falls die z. Zt. laufenden Erprobungen erfolgreich sind, ist die industrielle Fertigung der ersten Exemplare für 1979—1980 vorgesehen.

Автоматическая гидрометеорологическая станция АГМС-НН

А. Л. Златин (СССР)

АГМС-НН предназначена для установки в необжитых и труднодоступных районах нашей страны, но может быть использована и в других местах (территории, окружающие города, аэропорты, автомобильные и самолетные трассы и др.).

АГМС-НН является станцией второго поколения, разработанной на смену широко у нас распространенной и хорошо себя зарекомендовавшей АРМС М-107.

При создании АГМС-НН учтены как общие тенденции современного приборостроения (в частности, агрегатирование модификаций), так и специфические требования метеорологии (фильтрация, штормовое оповещение и др.). Расширен состав и улучшено (за счет фильтрации) качество некоторых измерений, производимых АГМС-НН. Значительно повышены функциональные возможности станции (функциональная обработка сигналов, возможности измерения временной программы работы и др.).

Основные особенности и показатели новой станции характеризуются следующим:

1. АГМС-НН имеет два режима работы: регулярный („метео"), когда все измерения производятся и результаты их передаются в центр

сбора каждые 3 часа, и пороговый („шторм“), когда опрос соответствующих („штормовых“) датчиков производится каждый час, а сообщение передается только в случае обнаружения „штормовой“ ситуации.

Состав и точность измерений, производимых в режиме „метео“, приведен в табл. 1. Состав измерений, производимых в режиме „шторм“,

Таблица 1

Наименование метеоэлемента	Диапазон измерений	Основная погрешность (предел)
1. Температура воздуха, °C	±60	0,6
2. Атмосферное давление, мб	0—100	0,8
3. Относительная влажность воздуха, %	0—100	6—8
4. Скорость ветра, м/с	0—50	0,5 + 0,05
5. Направление ветра, град	0—360	10
6. Жидкие осадки, мм	0—100	0,5 + 0,05
7. Продолжительность солнечного сияния, мин	0—180	2
8. Интенсивность тумана (МДВ), м	200—500	0,2
9. Температура воды, °C	±60	0,3
10. Уровень воды, м	0—3	
	0—6	0,006 H_{MAX}.
	0—12	

Таблица 2

Наименование метеоэлемента	Пороговые уровни
1. Скорость ветра, м/с	15, 20, 30, 40
2. Ливневые осадки, мм/час	20, 30, 40, 60
3. Интенсивность тумана (МДВ), м	≦200

и значения пороговых уровней, при достижении которых передается штормовое сообщение, приведены в табл. 2. В дальнейшем номенклатуру измерений, осуществляемых АГМС-НН, предполагается расширить.

2. Измерительная система АГМС-НН (для режима „метео“) представляет собой совокупность 14 автономных каналов, каждый из которых в общем случае содержит датчик и устройства, необходимые для преобразования значения измеряемой величины в код.

3. В качестве основных выходных параметров датчиков АГМС-НН приняте частота в пределах 0—500 Гц и число импульсов от 0 до 999. Предусмотрена возможность работы и с другими частотами, и числами импульсов. Сигналы, представленные частотой, подвергаются осреднению в интервале времени 1—10 мин.

4. АГМС-НН рассчитана на работу с аппаратурой радиосвязи:

а) слухового приема (код Морзе);

б) автоматизированного приема информации (радиотелеграф).

5. Дискретный (или квазидискретный) характер выходных сигналов датчиков и автономная структура измерительной системы обеспечивают хорошие возможности построения блочно-модульной конструкции АГМС-НН, что, в свою очередь, упрощает образование модификаций, отличающиеся составом измерений (датчики) и аппаратурой связи (устройствасопряжения).

В настоящее время АГМС-НН подготавливается к всесторонним испытаниям, при положительных результатах которых мы рассчитывали в 1979—80 гг. увидеть первые промышленные экземпляры этой станции.

Ergebnisse des Betriebs und der Vergleichsbeobachtungen der Stationen AFMS (DDR) und M-106 M (UdSSR) an der meteorologischen Station Stolbcy beim HMD der Belorussischen SSR

von L. I. Zacharenkov, I. I. Matveenko, I. M. Skuratovič (UdSSR, BSSR)

Zusammenfassung

Eine Analyse des entsprechenden Materials für den Zeitraum von September 1975 bis Dezember 1977 zeigte, daß insgesamt in der Betriebszuverlässigkeit die Zentraleinheit der Station AFMS derjenigen der Station M-106 M etwas nachsteht. Dies ist dadurch bedingt, daß in der Station AFMS ein Photonachführsystem für die Umwandlung der Analoggröße in den Code verwendet wird und ein Röhrenverstärker benutzt wird. Für die einzelnen Kanäle gilt:

a) Man muß das Problem einer stabileren Arbeit des Druckkanals lösen;
b) es ist zweckmäßig, eine Approximation der Charakteristik des Taupunktgebers in den Punkten 5 °C, —3 °C, —12 °C einzuführen;
c) es ist eine Beheizung des Feuchtegebers bei Stromabschaltung zu gewährleisten.

Результаты эксплуатации и сравнительных набюдений станций AFMS (ГДР) и М-106 М (СССР) на метеостанции столбцы УГМС БССР

Л. И. Захаренков, И. И. Матвеенко, И. М. Скуратович (СССР, БССР)

В соответствии с соглашением о взаимном сотрудничестве в области наземных наблюдений, между Метеорологической службой ГДР и Гидрометслужбой СССР, в 1975 году произошел взаимный обмен автоматическими станциями. Станция М-106 М в июне 1975 года введена в эксплуатацию советскими специалистами тт. Борисовым А. А., Захаренковым Л. И. в а/п Шенефельд ГДР. В свою очередь станция AFMS установлена и введена в эксплуатацию в июле 1975 года специалистами ГДР тт. У. Блеком, К. Крюгером на метеостанции Столбцы БССР.

В докладе т. Захаренкова Л. И. на Международном симпозиуме (БССР, г. Гомель, ноябрь 1975 г.) проведен анализ начального периода эксплуатации станции AFMS на МС Столбцы БССР.

В настоящее время на основании имеющихся материалов сравнительных наблюдений за период с сентября 1975 г. по декабрь 1977 г. можно сделать более детальный анализ по надежности работы и точностным характеристикам, по измеряемым параметрам, станций AFMS и М-106 М.

Сравнительные наблюдения проводились по следующим метеопараметрам:
— температура воздуха (t)
— влажности воздуха (τ)
— средняя скорость ветра (f ср)
— среднее направление ветра (α ср)
— максимальная скорость ветра (f max)
— атмосферное давление (P)

По параметрам количества молний и суммарной радиации сравнения не проводились из-за отсутствия подобных датчиков в комплекте станции М-106 М, по датчику жидких осадков — из-за разной чувствительности датчиков станций (AFMS —0,1 мм, М-106 М —0,5 мм).

Сравнительные наблюдения станций AFMS и М-106 М проводились через 3 часа в синоптические сроки и результаты записывались в специальные таблицы, в которых по всем сравниваемым метеоэлементам фиксировались: результаты измерений производимые станцией AFMS и М-106 М, величина расхождения между результатами измерений станций, а также в случае необходи-

Таблица 1. Допустимые расхождения сравнительных наблюдений

№№ п/п	Наименование параметра	Допустимые расхождения
1.	Температура воздуха	±1 °C
2.	Точка росы:	
	— в диапазоне —3 °C — +5 °C	±1 °C
	— в остальных случаях	±2 °C
3.	Скорость ветра средняя	±2 м/сек
4.	Скорость ветра максимальная	±3 м/сек
5.	Среднее направление ветра	±45°
6.	Давление воздуха	±1 мб

мости результаты ручных измерений, производимых наблюдателем станции.

Случаем расхождения величин измеренных метеопараметров, которые учитывались в последующих таблицах, считалось превышение этой величины оговоренных допусков (Таблица 1.). При расхождении по параметрам выше допуска более 4-х сроков в сутки считалось, что неисправен канал станции или датчик и эти данные в учет не принимались.

По сводной таблице (Таблица 2.) видно, что в целом техническое состояние (процент наработки станций) и точностые характеристики соответствуют техническим требованиям станций AFMS и M-106 M. Более низкая наработка (81%) в 1975 году объясняется несколькими причинами:

1. На первоначальном этапе (период приработки) сказались скрытые дефекты в станции AFMS, которые приводили к частым выходам станции из строя.

2. Недостаточная подготовленность обслуживающего персонала, что приводило к увеличению времени поиска и устранения неисправностей.

В 1976, 1977 гг. обслуживающий персонал освоил станцию AFMS и наработка станции значительно повысилась и составила 98,9% в 1976 году и 98,5% в 1977 году.

За период эксплуатации имели место и были устранены следующие неисправности:

1. Замена лампы фотосчитывающего устройства и диодов в блоке кодопреобразователя.
2. Ремонт кулачкового механизма и замена опорных камней часового механизма самописца датчика ветра.
3. Неоднократная замена ламп и фотодиодов в датчике давления.
4. Ремонт кулачкового механизма в датчике давления.
5. Замена электронных ламп в усилителе.
6. Неоднократный ремонт датчика жидких осадков, влажности воздуха (замена чувствительного элемента).
7. Неоднократный ремонт телетайпа.
8. Устранение обрывов и холодных паек в блоке питания.

Что касается точностных характеристик сравнительных наблюдений, то следует отметить, что на протяжении всего периода сравнительных наблюдений, наименьший процент расхождений между данными станций получен по следующим метеопараметрам:

— температура воздуха 1,3%
— средняя скорость ветра 1,2%
— максимальная скорость ветра 1,7%

Несколько менее устойчиво работали каналы измерения:

— влажности воздуха (точка росы) 5,7%
— давление воздуха 3,2%
— среднего направления ветра 3,2%

Если провести анализ распределения процента расхождений измеряемых параметров в течении года (Таблица 3,4), то прослеживается закономерность увеличения числа расхождений по параметру влажности воздуха в периоды с отрицательной температурой воздуха, по остальным параметрам процент расхождений в основном одинаковый за исключением случаев выхода из строя датчиков или измерительного канала.

Проведем более подробный анализ точностных характеристик сравниваемых станций по отдельным метеорологическим параметрам.

1. Температура воздуха

Процент расхождений между измерениями станций по этому параметру малый. Распределение

Таблица 2. Наработка и точностные характеристики станций M-106 M и AFMS в период с сентября 1975 года по декабрь 1977 гг.

Год	Наработка M-106 M в %	Наработка AFMS в %	Расхождения по параметрам выше допуска между M-106 M и AFMS в %						Примечание
			T	τ	fср	αср	f_{MAX}	P	
1975	100	81	1,4	5,1	1,3	2,7	1,5	2,5	
1976	99,9	98,9	1,4	6,9	1,1	3,9	1,7	4,0	
1977	99,6	98,5	1,1	5,2	1,2	2,9	2,0	3,1	
	99,8	92,8	1,3	5,7	1,2	3,2	1,7	3,2	

Таблица 3.
Наработка и точностные характеристики станций AFMS и М-106 М в период с января по декабрь 1976 года

Месяц	Наработка М-106 М в %	Наработка AFMS в %	Расхождение по параметрам выше допуска между М-106 М и AFMS в %						Примечание
			T	τ	f_{cpe}	α_{cp}	f_{MAX}	P	
Январь	100	100	4,8	19,7	0	8,8	0	4,3	
Февраль	100	100	1,2	15,5	1,2	5,1	0,4	8,6	
Март	100	100	0,8	0,8	1,6	7,2	2,0	7,2	
Апрель	100	95	2,0	12,7	0,4	0	2,6	1,0	
Май	99,6	99,5	2,02	2,02	4,4	3,2	0,8	0,8	
Июнь	100	100	0	11,6 (22,9)*	1,6	6,2	2,1	0,8	
Июль	100	100	1,2	8,9 (16,5)*	0	27,8*	3,6	6,8	
Август	100	98,7	1,6	4,9 (15,5)*	1,2	6,1	5,7	15,9 (15,9)*	
Сентябрь	100	96,6	0	2,1	0	4,3	0,8	28,4*	
Октябрь	96,7	97,1	2,1	1,1 (11,2)*	0	1,2	0,8	0	
Ноябрь	100	100	0	2,5	0	2,9	0,8	0,4	
Декабрь	100	100	0	2,0	3,2	2,0	0,8	2,4	

Таблица 4.
Наработка и точностные характеристики станций AFMS и М-106 М в период с января по декабрь 1977 года

Месяц	Наработка М-106 М в %	Наработка AFMS в %	Расхождения по параметрам выше допуска между М-106 М и AFMS в %					
			T	τ	f_{cp}	α_{cp}	f_{MAX}	P
Январь	100	99,5	0	21,0	0,8	4,9	2,0	2,0
Февраль	100	96,4	0	18,5	0	10,6	1,4	16,2
Март	100	98,3	0,8	12,3	2,5	12,7	1,6	38,1*
Апрель	100	99,5	0,8	7,9	0,4	9,2	8,8	0,4
Май	100	93,1	0,4	4,4	0,4	5,6	6,5	0,8
Июнь	100	100	0,8	0,4	0	6,3	5,4	2,0
Июль	100	100	0,4	0,4	0,4	0,4	5,6	0
Август	99,2	68,9	0,6	1,1	0	6,0	7,6	1,2
Сентябрь	100	88,3	0	6,1 (33,9)	0,9	6,6	7,5	2,8
Октябрь		Замена М-106М						
Ноябрь	100	93,1	19,4*	2,1 (31,9)*	1,3	2,2	3,0	2,7 (15,5)*
Декабрь	100	96,0	17,3*	21,7	4,3	2,1	0	13,0*

Примечание: * Знаком отмечен процент сбоев из-за неисправности измерительной системы (от общего количества измерений)

расхождений показано на гистограмме (Рис. 1), где обработано около 950 измерений станций за июнь, июль, январь и февраль 1977 г. Из рисунка видно, что основная часть расхождений расположена в пределе от 0—0,5 °C — 83,5% от 0,5 до 1 °C — 15,5% и выше оговоренного допуска 1 °C — 1%. Эти данные говорят о хорошей сопоставляемости измерений температуры воздуха станциями AFMS и М-106 М.

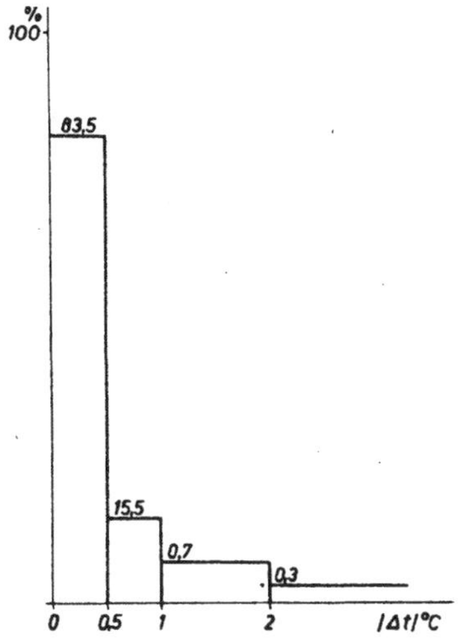

Рис. 1

2. Параметры ветра

Расхождения измерений станциями максимальной и средней скорости ветра составляют небольшой процент от числа измеренных 1,7% и 1,2% соответственно. Каналы работают хорошо и точностные характеристики станции AFMS аналогичны станции M-106 M.

По параметру среднее направление ветра процент расхождений выше допуска составляет значительно большую величину, что связано в основном с более низкой чувствительностью датчика станции AFMS при слабых скоростях ветра (1—2 м к сек).

3. Давление воздуха

По этому параметру расхождения в основном обусловлены недостаточной надежностью фотоследящей системы датчика AFMS. Как правило выходили из строя лампы и фотодиоды фотоследящей системы. Как видно из гистограммы (Рис. 2), на которой представлены результаты измерений в течение 4-х месяцев, по этому параметру расхождения распределяются следующим образом: до 1 мб — 76,8%, до 2 мб — 18,1%, свыше 2 мб — 5,1%. Но если проанализировать результаты измерений по отдельным месяцам, то при исправном канале давления процент расхождения больше 1 мб значительно ниже и в среднем за весь период эксплуатации составляет 3,2%.

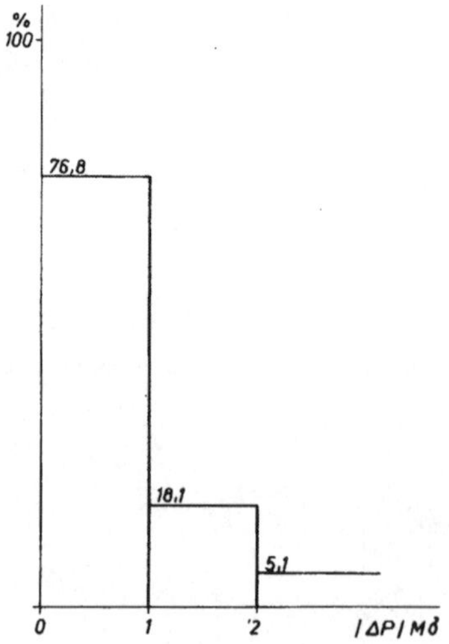

Рис. 2

4. Влажность воздуха (точка росы)

По влажности воздуха проведен более детальный анализ, так как процент расхождения в значительной степени зависил от окружающей температуры воздуха. Здесь можно выделить два периода: холодный (ноябрь—февраль), теплый (март—октябрь).

На гистограмме (Рис. 3) показаны расхождения между показаниями станций в июне—уюле

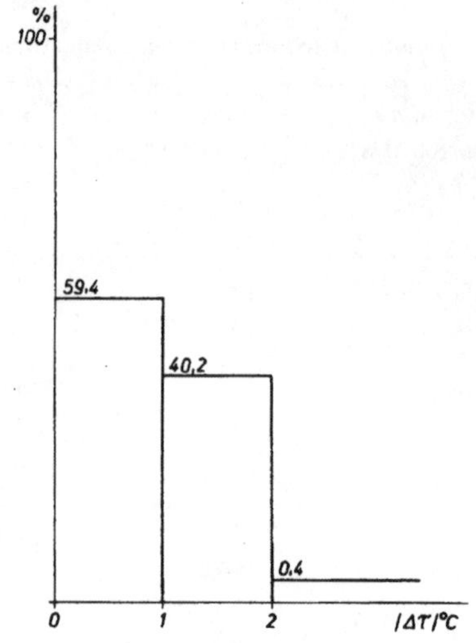

Рис. 3

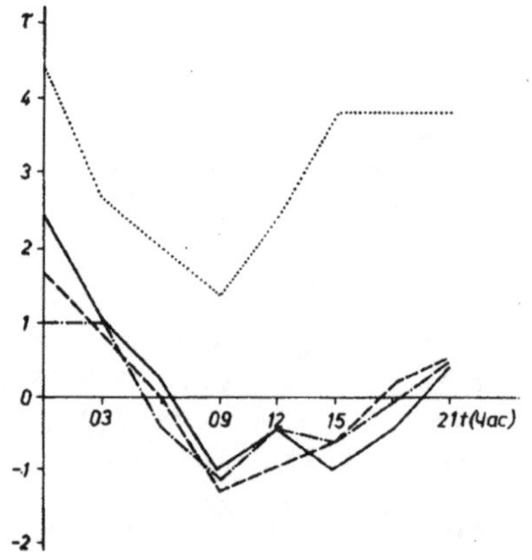

Рис. 4

———— — ручной замер
—·—·—·— — AFMS
— — — — — M-106 M
· · · · · · · · — температура

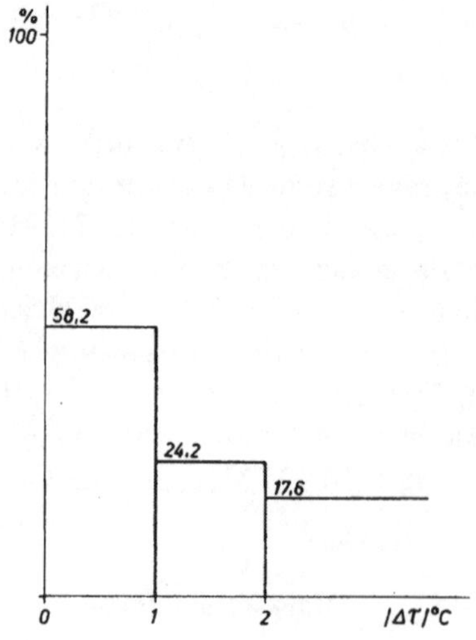

Рис. 5

1976 года. Из неё видно что процент расхождений выше оговоренного допуска составляет менее 0,4%. Это подтверждается и диаграммой (Рис. 4), где видно, что ход измерения влажности в течение суток хорошо сопоставим с результатами измерений AFMS, M-106 M и ручных наблюдений.

На гистограмме (Рис. 5), которая отображает холодный период (данные обработаны за январь до февраль 1977 г.) видно, что процент расхождений в пределах допуска составляет примерно 83%, а свыше допуска 17%. Для анализа результатов измерений использовались данные не только станций, но и результаты ручных наблюдений. На диаграмме (Рис. 6) представлены результаты

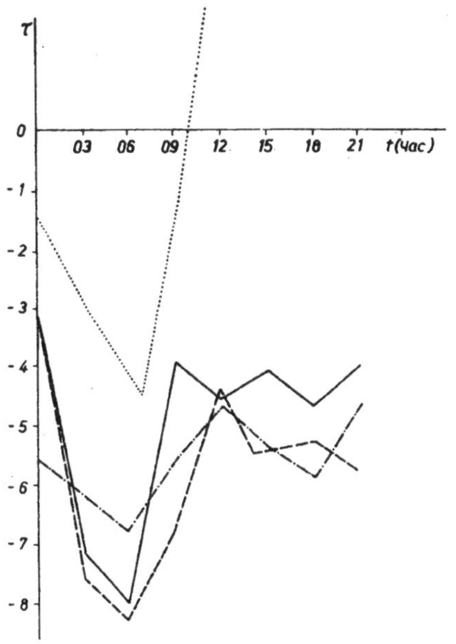

Рис. 6

——————— — ручной замер

—·—·—·— — AFMS

— — — — — — M-106 M

············ — температура

измерений влажности воздуха станций AFMS, M-106 M и ручных наблюдений при изменении температуры воздуха от —4 °C до положительных температур. Диаграмма показывает, что ход изменения влажности воздуха повторяется, но с некоторой ошибкой.

Выводы

В результате длительной эксплуатации станции AFMS и проведенных сравнительных наблюдений со станцией M-106 установлено, что в целом по надежности работы центральное устройство станции AFMS несколько уступает станции M-106 M. Это обусловлено применением в станции AFMS фотоследящей системы преобразования аналоговой величины в код и наличием электронно-лампового усилителя. Что-же касается отдельных каналов, то здесь можно высказать следующие рекомендации:

а) решить вопрос более устойчивой работы канала давления;

б) целесообразно ввести аппроксимацию характеристики датчика росы в точках 5 °C, —3 °C, —12 °C;

в) обеспечить подогрев датчика влажности при отключении электрической энергии.

В заключении следует отметить, что в результате проведенных работ по данной теме сотрудничества Метеослужбы ГДР и Гидрометслужбой СССР получен большой материал, который необходимо в ближайшее время более тщательно обработать и использовать для качественной оценки работы автоматических станций.

Über die Erprobung der automatischen meteorologischen Station M-106 M

von S. Klemm, H. Henning (DDR)

Entsprechend dem gemeinsamen Arbeitsprogramms der bilateralen Zusammenarbeit zwischen dem HMD der UdSSR und dem MD der DDR wurden der Austausch der automatischen meteorologischen Stationen AFMS (DDR) und M-106 M (UdSSR), deren Installation, die jährliche Durchsicht der Anlage beim Partner und die Durchführung der Vergleichsmessungen mit diesen Anlagen durchgeführt.

Die Anlage M-106 M wurde im Mai 1975 an der Flugwetterwarte Berlin-Schönefeld durch Experten des HMD der UdSSR installiert und nach ordnungsgemäßer Funktion an den MD der DDR übergeben. Gleichzeitig fand eine Einweisung in die Wartung und Nutzung der Anlage durch diese Experten für das Beobachtungs- und Servicepersonal des MD der DDR statt. Die technischen Unterlagen wurden übergeben. Nach Einarbeitung des Beobachtungs- und Servicepersonals des MD der DDR wurde die Anlage ab 1. August 1975 in Betrieb genommen und Vergleichsmessungen durchgeführt. Der Betrieb wurde am 1. März 1978 beendet.

Täglich wurden 2 Vergleichsmessungen durchgeführt, und zwar ständig zum Haupttermin 19 Uhr MEZ und im Wechsel zu je einem der Haupttermine 01, 07 und 13 Uhr MEZ. Als Vergleichsmessungen wurden die Meßergebnisse der in ständiger Benutzung befindlichen konventionellen Meßtechnik der Flugwetterwarte verwendet.

Vergleichsmessungen für die Parameter Sonnenschein und Erdbodentemperaturen wurden nicht durchgeführt, da Vergleichsgeräte nicht vorhanden sind. Es wurde jedoch die laufende Funktion überwacht.

Die Erprobungsergebnisse wurden entsprechend der Verfahrensweise für das AFMS-Netz des MD der DDR in EDV-gerechte Formblätter eingetragen und monatlich ausgewertet. Für die Parameter Windgeschwindigkeit und flüssiger Niederschlag wurden abweichend von den Terminbeobachtungen für die Windgeschwindigkeit das tägliche Maximum für alle Fälle mit $v_{max} \geqq 5{,}0$ m/s und für den Niederschlag entsprechend der Meßleistung des Gebers der Anlage M-106 M mit 0,5 mm Regenhöhe nur die Tagessummen von $\geqq 1{,}0$ mm ausgewertet.

Die monatliche Bearbeitung der Ergebnisse der Vergleichsmessungen erfolgte für die Parameter Lufttemperatur, Taupunkttemperatur, Niederschlag, Luftdruck und Windmaxima entsprechend der Verfahrensweise für das AFMS-Netz des Meteorologischen Dienstes der DDR, d. h., es wurde

- die monatliche mittlere Differenz der konventionellen Messungen im Vergleich zu den Messungen der Station M-106 M dargestellt und
- die maximale positive und negative Abweichung des Monats erfaßt.

Für die Lufttemperatur und die Taupunkttemperatur wurde zusätzlich die mittlere Streuung der Einzelbeobachtung berechnet. Tab. 1 gibt einen Überblick über diese Ergebnisse.

Abb. 1 gibt einen Überblick über die erhaltenen monatlichen mittleren Differenzen zwischen der konventionellen und automatischen Beobachtung mit der Station M-106 M.

Abb. 1 enthält folgende Diagramme:

Diagramm 1 stellt die monatlichen Differenzen der Vergleichsmessung Lufttemperatur dar. Ein jahreszeitlicher Gang dieser Differenzen zwischen +0,2 K und —0,75 K ist erkennbar. Die Ursache dieser Erscheinung konnte noch nicht eindeutig geklärt werden.

Diagramm 2 stellt die monatliche Differenz der Taupunkttemperatur dar. Der zu Beginn der Messungen installierte Taupunktfühler war bereits überaltert. Erst nach dem Auswechseln im Juni 1976 ergaben sich ab Juli 1976 gute Ergebnisse. Die Abweichungen im August 1977 und Januar 1978 wurden verursacht durch Ausfall der Magnetöffnung zur Belüftung des Fühlers in 13 Fällen. Im August 1977 und im Januar 1978 war die Streuung der Einzelwerte so groß, daß eine Auswertung der Ergebnisse den erneuten Verbrauch des Fühlers anzeigt. Werden die 13 Ausfälle des August 1977 nicht berücksichtigt, erhält man eine Differenz von 0,5 K zur Vergleichsmessung.

Tabelle 1. Flugwetterwarte Schönefeld Vergleichsmessung Anlage M-106 M von August 1975 bis Februar 1978

Monat	Lufttemperatur °C				Taupunkttemperatur °C				12-std. Niederschlag		
	$\overline{\Delta t}$	Δt_x	Δt_n	$\sigma_t(\pm)$	$\overline{\Delta \tau}$	$\Delta \tau_x$	$\Delta \tau_n$	$\sigma_\tau(\pm)$	$\overline{\Delta R}$	ΔR	ΔR_n
Aug. 1975	−0,60	+0,5	−1,7	0,52	−1,13	+1,0	−3,0	0,89	−0,10	+0,9	−1,7
Sept.	−0,32	+0,4	−1,6	0,44	−1,54	+0,2	−4,1	0,76	+0,12	+1,5	−0,6
Okt.	−0,26	+0,2	−1,1	0,29	−1,94	+0,2	−3,2	0,68	−0,03	+0,4	−0,3
Nov.	−0,05	+1,0	−1,0	0,33	−2,07	−0,9	−3,6	0,60	+0,27	+1,0	±0
Dez.	−0,02	+0,7	−0,8	0,28	−2,18	−0,1	−4,2	0,77	+0,19	+1,3	−0,5
Jan. 1976	+0,06	+0,7	−0,9	0,32	−2,43	−0,9	−7,8	1,08	+0,43	+1,8	−0,4
Febr.	+0,08	+0,9	−1,8	0,54	−2,97	−0,8	−6,8	1,07	+0,20	+0,5	−0,1
März	+0,02	+0,9	−1,3	0,51	−1,82	+1,8	−3,7	1,28	+0,53	+0,9	+0,2
April	−0,63	+0,7	−1,9	0,50	−1,53	+2,3	−3,8	1.40	+0,05	+0,2	−0,1
Mai	−0,55	+0,3	−1,4	0,31	−1,83	+3,5	−4,5	1,74	−0,27	+0,5	−2,1
Juni	−0,60	+0,1	−1,5	0,28	−1,49	+1,4	−3,7	1,34	−0,18	+0,5	−1,4
Juli	−0,46	+0,7	−1,2	0,36	+0,25	+3,6	−1,4	0,70	−0,59	±0	−2,4
Aug.	−0,56	+0,6	−1,9	0,51	−0,05	+2,1	−2,8	0,74	−0,15	+0,7	−0,8
Sept.	−0,74	+0,4	−2,8	0,49	−0,21	+1,0	−1,7	0,49	+0,06	+0,5	−0,4
Okt.	−0,43	+0,6	−1,7	0,41	−0,11	+0,7	−0,7	0.33	+0,24	+0,7	−0,2
Nov.	−0,02	+0,8	−0,9	0,23	−0,27	+0,5	−1,4	0.40	−0,12	+0,7	−1,2
Dez.	+0,03	+0,9	−0,5	0,31	−0,04	+1,5	−1,9	0,57	+0,05	+0,3	−0,2
Jan. 1977	+0,18	+0,9	−0,5	0,27	+0,04	+0,9	−1,9	0,51	−0,37	+0,6	−3,1
Febr.	+0,12	+0,9	−0,9	0,39	−0,19	+1,5	−2,3	0,59	−0,19	+0,3	−0,7
März	+0,04	+0,9	−1,3	0,40	−0,35	+0,9	−1,7	0,57	−0,08	+2,0	−1,2
April	−0,29	+0,9	−2,0	0,61	−0,40	+1,6	−8,7	1,46	−0,43	+0,5	−1,5
Mai	−0,31	+0,9	−1,9	0,57	−0,06	+1,7	−3,2	0,85	−0,05	+1,3	−1,6
Juni	−0,39	+0,6	−1,5	0,41	+0,22	+1,2	−1,7	0,67	−0,48	+0,8	−2,2
Juli	−0,29	+1,1	−1,1	0,41	+0,49	+2,4	−2,2	0,68	.	.	.*)
Aug.	−0,09	+1,1	−1,0	0,38	−1,14	+4,2	−13,1	.	.	.	.*)
Sept.	−0,19	+2,5	−1,4	0,63	+0,58	+3,4	−0,7	0,80	0,0	+0,3	−0,2
Okt.	−0,11	+0,5	−1,2	0,33	+0,26	+1,9	−2,2	0,77	+0,38	+0,7	+0,2
Nov.	−0,11	+0,7	−1,6	0,40	+0,28	+2,1	−3,6	1,17	+0,30	+1,1	−0,3
Dez.	−0,25	+1,1	−2,0	0,56	−0,07	+3,2	−6,2	1,87	+0,07	+0,6	−0,8
Jan. 1978	+0,03	+0,8	−0,7	0,35	−1,11	+6,0	−2,5	—	−0,30	−0,1	−0,7
Febr.	+0,25	+1,5	−1,1	0,56	+0,59	+3,0	−1,9	1,02	−0,20	(nur 1 Wert)	

*) Geber ausgefallen

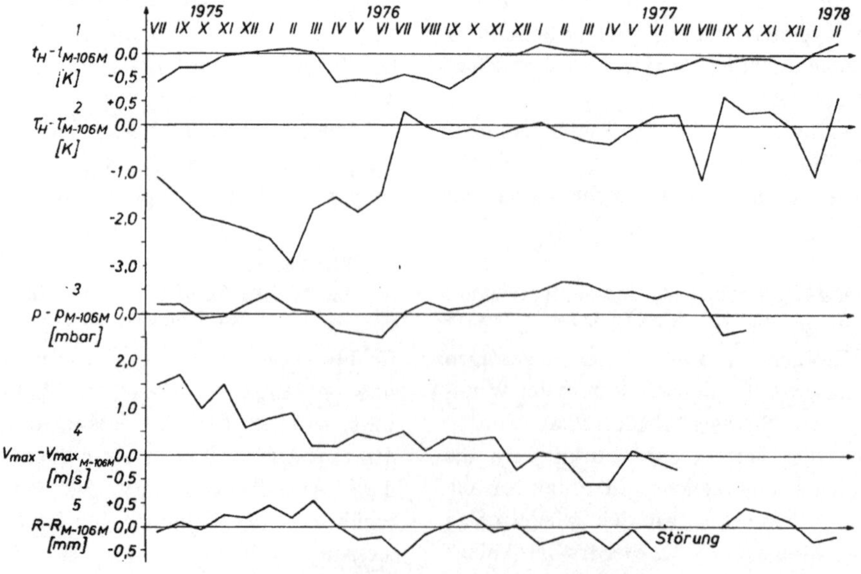

Abb. 1. Ergebnisse der Vergleichsmessungen zwischen konventioneller und automatischer Beobachtung der Station M-106 M für den Zeitraum August 1975 bis Februar 1978

Tabelle 1. (Fortsetzung)

Luftdruck mbar			Windspitzen m/s		
$\overline{\Delta P}$	ΔP_x	ΔP_n	$\overline{\Delta V}$	ΔV_x	ΔV_n
+0,22	+0,8	−0,4	+1,48	+3,5	−2,0
+0,19	+0,8	−0,5	+1,70	+4,5	±0
−0,11	+0,5	−0,7	+0,98	+2,0	−1,0
−0,03	+0,4	−1,3	+1,48	+5,0	−0,5
+0,22	+0,7	−0,3	+0,58	+2,0	−1,0
+0,40	+1,1	−0,3	+0,77	+12,0	−6,0
+0,12	+0,8	−0,2	+0,88	+2,0	−1,0
+0,04	+0,4	−0,7	+0,23	+1,5	−2,0
−0,36	+0,4	−0,9	+0,20	+2,0	−3,0
−0,38	±0	−0,8	+0,45	+2,0	−2,0
−0,48	−0,2	−0,8	+0,33	+2,5	−3,0
+0,00	+0,9	−0,6	+0,98	+4,0	−3,0
+0,24	+0,6	−0,2	+0,04	+2,0	−6,0
−0,11	+0,5	−1,0	+0,38	+1,5	−1,0
+0,13	+0,8	−0,7	+0,34	+2,0	−2,0
+0,39	+0,9	−0,2	+0,38	+2,0	−1,5
+0,41	+0,8	+0,2	−0,31	+1,5	−3,5
+0,52	+0,8	−0,3	+0,06	+2,0	−2,0
+0,70	+1,1	+0,3	−0,04	+2,0	−2,0
+0,65	+1,2	+0,1	−0,58	+2,0	−5,0
+0,45	+1,1	−0,6	−0,57	+1,0	−4,0
+0,47	+1,3	±0	+0,08	+2,0	−6,5
+0,33	+1,2	−0,6	−0,12	+1,0	−2,0
+0,48	+0,9	−0,1	−0,32	+1,5	−2,5
+0,36	+1,1	−0,8	.	.	.
−0,41	+1,7	−1,5	.	.	.
−0,32	±0	−0,7	.	.	.
−4,85	−0,2	−12,7	.	.	.
−3,13	−0,7	−12,0	.	.	.
−4,48	−0,2	−12,8	.	.	.
.		.	−0,04	+1,0	−3,0

Diagramm 3 stellt die monatlichen Differenzen des Luftdruckes dar. Im Laufe des ersten Jahres der Vergleichsmessungen ergaben die Differenzen eine Schwankung etwa im Rhythmus eines Jahresganges. Ab November 1976 stellt sich eine ständige positive Abweichung ein. Im August 1977 erfolgte ein Austausch der Lampen der Lichtschranke und eine Justierung des Gerätes. Ab November 1977 wurde die Meßspindel vom Antrieb nicht mehr nachgeführt. Die Messungen wurden eingestellt.

Diagramm 4 stellt die Differenzen der Monatsmittelwerte der täglichen Windmaxima dar. Auffällig ist die Abnahme dieser Differenzen im Laufe der Vergleichsperiode. Dazu sollen weitere Bemerkungen folgen.

Diagramm 5 stellt die Differenz der Niederschlagssumme dar. Diese Ergebnisse sind besonders zufriedenstellend. Es muß bemerkt werden, daß der Geber des Station M-106 M in 2 m Höhe installiert war, das Vergleichsgerät jedoch in 1 m Höhe. Die technische Störung war bedingt durch den Ausfall des Lagerstiftes der Kippwaage, der ausgewechselt wurde.

Alle Erdbodentemperaturen arbeiteten normal und ohne Ausfälle. Das gilt auch für die Sonnenscheindauer, die ebenfalls nicht im Routineprogramm der Flugwetterwarte beobachtet wird.

Für die Vergleichsmessungen Lufttemperatur und Taupunkttemperatur wurde zusätzlich eine Häufigkeitsverteilung der Differenzen zwischen den Beobachtungen der meteorologischen Station und der Anlage M-106 M angefertigt. Abb. 2 zeigt das Ergebnis für die Lufttemperatur vom August 1975 bis Februar 1978. Auf der linken Seite ist das Gesamt-

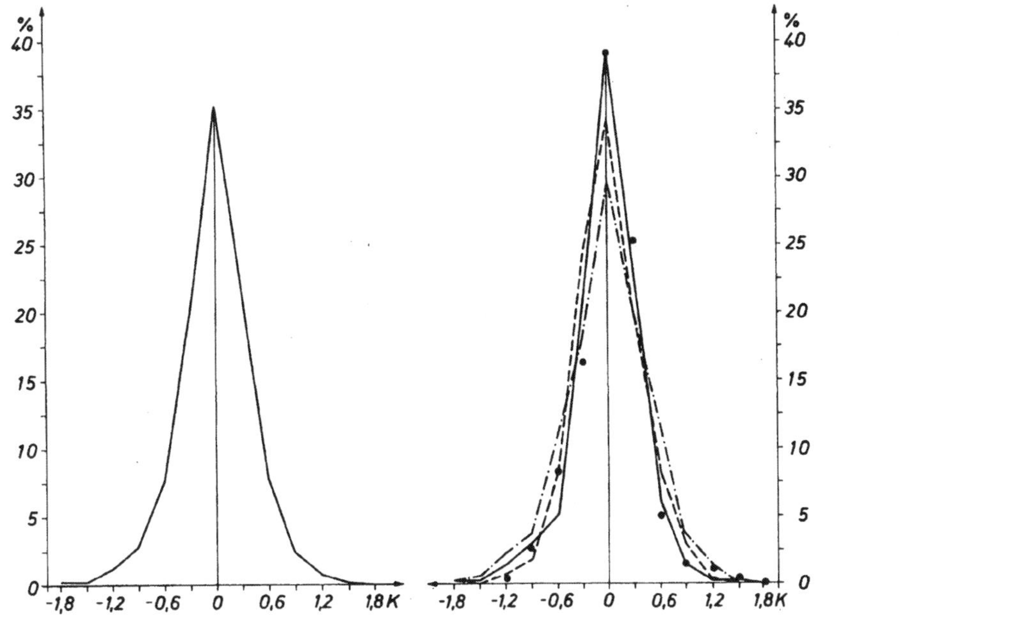

Abb. 2. Häufigkeitsverteilung der Lufttemperatur zwischen konventioneller und automatischer Beobachtung der Station M-106 M, August 1975 bis Februar 1978

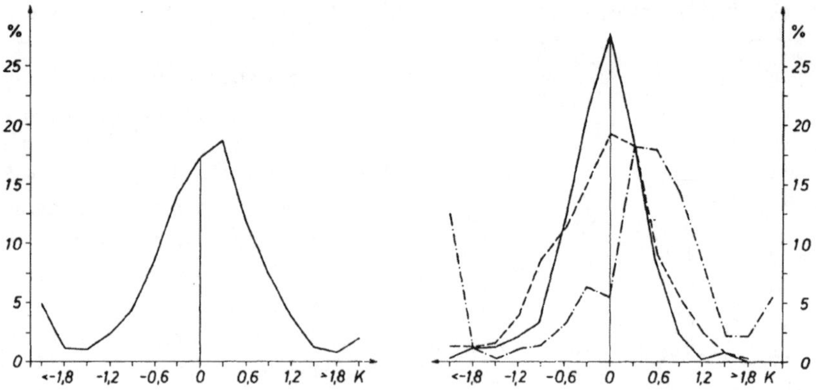

Abb. 3. Häufigkeitsverteilung der Taupunkttemperatur zwischen konventioneller und automatischer Beobachtung der Station M-106 M, Juli 1976 bis Februar 1978

ergebnis dargestellt. Die Streubreite liegt zwischen −1,8 K und 1,8 K und zeigt etwa eine Normalverteilung mit 35,2% aller Werte um den Zentralwert. Auf der rechten Seite sind die Ergebnisse jahreszeitlich aufgeteilt. Dabei sind die Ergebnisse für den Sommer und Herbst fast völlig übereinstimmend mit 39 bzw. 40% aller Werte um den Zentralwert, die Verteilung der Frühjahrswerte streuen dagegen wesentlich mehr. Ein Grund für dieses Ergebnis könnte darin liegen, daß die Vergleichsmessungen für die konventionelle Meßtechnik in einer Thermometerhütte aus Holz ausgeführt wurden, und der Geber der Anlage M-106 M in einer aus Plaste angebracht war.

Die Häufigkeitsverteilung der Differenzen für die Taupunkttemperatur ist in Abb. 3 dargestellt. Hier ergab das Gesamtergebnis (Abbildung auf der linken Seite) eine breitere Streuung, wie zu erwarten war. Der Zentralwert der Verteilung ist zur positiven Seite auf 0,3 K verschoben. Es interessierte nunmehr, die Frage zu untersuchen, ob diese Verteilung eine systematische ist oder ob sie mit der Alterung des LiCl-Fühlers zusammenhängt. Aus der Erfahrung mit der AFMS im Netz des MD der DDR, wo ein LiCl-Fühler mit Dauerheizung eingesetzt ist, gibt es ähnliche Erscheinungen. Deshalb wurde die Häufigkeitsverteilung auf jeweils 6 Monate unterteilt, beginnend mit dem Monat, an dem ein neuer Taupunktgeber eingesetzt wurde. Das Ergebnis ist auf der rechten Seite der Abb. 3 dargestellt. Im ersten Halbjahr Juli bis Dezember 1976 ist eine normale Funktion des Gebers eindeutig zu erkennen. Im zweiten Halbjahr sind die Ergebnisse noch brauchbar, aber die Streubreite der Einzelwerte nimmt deutlich zu. Im folgenden Halbjahr, das noch zur Verfügung stand, ist dann die weitere Alterung, die wegen der chemischen Reaktion des LiCl zu einer zu hohen Taupunktangabe führt, unverkennbar. Dieses Ergebnis ist nicht durch die Funktionsweise der Anlage M-106 M bedingt, sondern durch die Eigenschaft des Gebers hervorgerufen. Die Einsatzdauer solcher Geber ist begrenzt, problematisch ist jedoch noch immer das rechtzeitige Erkennen der Einsatzbegrenzung. Als weiteres Ergebnis sei noch erwähnt, daß die Aufbewahrung des Fühlers in trockener Luft während der Meßpausen die Lebensdauer nicht verlängert gegenüber einem ständig beheizten Fühler.

Von besonderem Interesse waren auch die Ergebnisse der Differenzen der Windgeschwindigkeit, wie bereits eingangs erwähnt. Auch hierfür wurde eine weitere Analysierung vorgenommen. Alle Vergleichsmessungen der täglichen Windmaxima wurden ausgewertet bezogen auf die Geschwindigkeitsklassen 5—10 m/s; 10—15 m/s; 15—20 m/s und über 20 m/s. Das Ergebnis ist in Abb. 4 dargestellt. Aus Abb. 1 war erkennbar, daß die Differenzen der Vergleichsmessungen der Windmaxima von Monat zu Monat geringer wurden. Hier nun wird dieser Vorgang weiter verdeutlicht insofern, als grundsätzlich ein Propellergerät wie der M-63 Windgeber offenbar

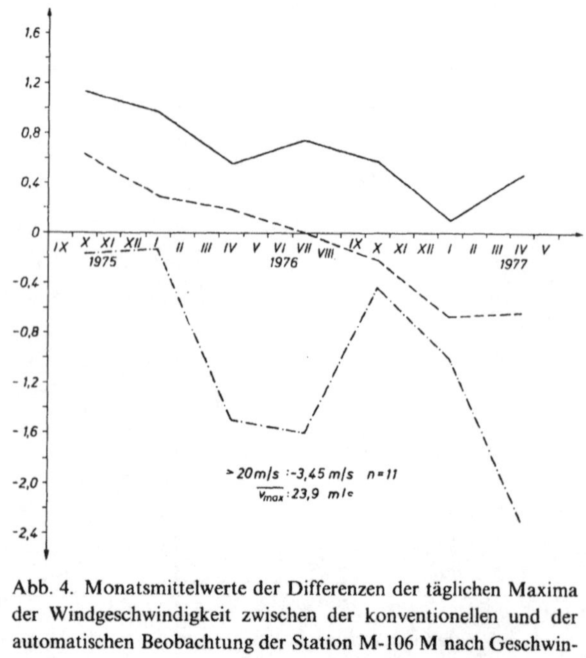

Abb. 4. Monatsmittelwerte der Differenzen der täglichen Maxima der Windgeschwindigkeit zwischen der konventionellen und der automatischen Beobachtung der Station M-106 M nach Geschwindigkeitsklassen

bei höheren Windgeschwindigkeiten zunehmend gegenüber einem Schalenanemometer zurückbleibt, was an der strichpunktierten Linie für 15—20 m/s zu sehen ist. Insgesamt jedoch läßt die Leistung des Propellergerätes innerhalb eines Jahres schon beträchtlich nach, was möglicherweise auf einen raschen Verschleiß der mechanischen Teile dieses Gerätetyps schließen läßt.

Abschließend ist einzuschätzen, daß der Wartungsaufwand für die Zentraleinheit der Anlage M-106 M äußerst gering war. Sie arbeitete während des gesamten Zeitraumes einwandfrei. Der Zustand der Außenarmaturen zeigte keinerlei Veränderungen. Auch der Gang der Steueruhr war voll befriedigend. Der Wartungsaufwand für die Geber ist wie im einzelnen erwähnt dagegen noch unterschiedlich, weitere technische Verbesserungen sind hierfür wünschenswert.

Insgesamt kann ausgesagt werden, daß der Austausch und die durchgeführten Vergleichsmessungen Aufschluß gaben über die Zuverlässigkeit und Meßgenauigkeit sowie Erfahrungen und Anregungen vermittelten, die die weitere arbeitsteilige Zusammenarbeit fördern werden.

Für die großen Bemühungen des HMD der UdSSR, diesen Vergleich der Station M-106 M im MD der DDR durchführen zu können, sei an dieser Stelle besonderer Dank ausgesprochen.

Erfahrungen bei der Sammlung von AFMS-Daten für den Wettermeldedienst im Meteorologischen Dienst der DDR

von R. ZIEMANN

1. Entwicklung des Wettermeldedienstes im Meteorologischen Dienst der DDR seit 1971 und Beginn des Einsatzes von automatischen fernmeldenden meteorologischen Stationen (AFMS)

Bis zum Jahre 1970 wurden im MD der DDR neben den synoptischen Haupt- und Zwischenterminen weitere Beobachtungen nach jeweils $1^{1}/_{2}$ Stunden durchgeführt, also in der Mitte der internationalen Termine. Obwohl diese Methode relativ ökonomisch für den Beobachter und für die Übermittlungskosten war, wurden am 1. 1. 1971 die Wettermeldungen zur vollen Stunde, die sog. Stundenwetter (Hourlies), eingeführt. Die hauptsächlichen Gründe dafür waren:

- Herstellung der Synchronität zu den Stundenwettern an Flughäfen (METAR);
- Herstellung der Synchronität mit den Stundenwettern der Nachbarstaaten (VRP, ČSSR, BRD);
- Herstellung der Synchronität mit den stündlichen Auswertungen im Klimadienst

und nicht zuletzt

- Vorbereitung auf den zu erwartenden Einsatz von automatischen meteorologischen Stationen (AMS), der in Etappen erfolgen sollte und eine Meldefolge von einer Stunde vorsah (zur Nutzung sowohl für den Wetterdienst als auch für den Klimadienst, d. h. *einheitliche* Erfassung).

Die räumliche Dichte der Wettermeldestellen in der DDR entwickelte sich in diesen Jahren vorteilhaft und erreichte eine gute Flächendeckung des Territoriums der DDR mit insgesamt 39 meteorologischen Stationen (MS). Dies bedeutet 1 MS auf ca. 2800 km² (55 × 55). Die Zahl der im Grundnetz der WMO (Basic Network) einbezogenen Stationen blieb unverändert bei 15. Dies bedeutet 1 MS auf ca. 7200 km² (85 × 85).

Die langfristigen Pläne des MD sahen vor, durch den Einsatz von AMS die Beobachtungen auch an den hauptamtlichen Klimastationen und einer Reihe nebenamtlichen Klimastationen zu automatisieren. Dabei sollte die Zahl der durchgängig besetzten MS verringert werden.

In den Jahren nach 1971 verstärkten sich die Schwierigkeiten bei der Aufrechterhaltung eines durchgängigen Beobachtungsdienstes an vielen MS. Durch Dienstzeiteinschränkungen fielen Meldungen aus. Der Einsatz der ersten, mit einer Fernmeldeeinrichtung versehenen AMS, genannt AFMS, brachte im Jahre 1973 eine Milderung der Meldungsausfälle durch Übermittlung der AFMS-Daten. Bis Mitte 1976 waren 8 AFMS in Betrieb genommen.

Auf Grund bedeutender Beschlüsse des IX. Parteitages der Sozialistischen Einheitspartei Deutschlands erfolgte eine Präzisierung der langfristigen Pläne zur Netzgestaltung im Herbst 1976, damit die sozialpolitischen Maßnahmen (speziell die Einführung der 40 Stunden-Woche) auch im Stationsnetz des MD gesichert werden konnten. Bis zum 1. 5. 1977 wurden unter großen Anstrengungen des Instrumentenamtes weitere AFMS installiert, so daß zu diesem Termin 17 AFMS regelmäßig im Wettermeldedienst arbeiten konnten.

Ab 1. 5. 1977 ist durch Einbeziehung weiterer MS (z. T. früherer Klimastationen, aber auch neuer Stationen) und speziell durch den Einsatz von AFMS die Anzahl der am Wettermeldedienst beteiligten MS auf 47 angestiegen. Die Zahl der ganztägig besetzten MS (Kat. I) ging jedoch von 37 auf 28 zurück. Dies bedeutet 1 MS auf 3900 km² (65 × 65). Insgesamt konnte durch die neuen Maßnahmen eine erhebliche Stabilisierung der personellen Lage an den Kat. I-Stationen erreicht werden, so daß nur noch vereinzelt Dienstzeiteinschränkungen bestehen. Verständlicherweise vermissen allerdings die Synoptiker an den Wetterdienststellen vor allem die visuellen Beobachtungen (Wolken und Sicht) von den MS, von denen überwiegend nur die AFMS-Daten vorliegen.

Bei der Vorbereitung des Einsatzes der AFMS und bei der operativen Inbetriebnahme der AFMS galt es, vor allem drei Komplexe zu beachten:

- Abbildung des Arbeitsregimes der AFMS auf die Weisungen für den Beobachtungs- und Meldedienst;

— Regelung der Zusammenarbeit zwischen der MS und der für die Weiterleitung der AFMS-Daten verantwortlichen Stelle (Sammelstelle);
— Anpassung der Systeme „Wettersammlung" und „Gefahrenmeldedienst" an die Gegebenheiten des Einsatzes der AFMS.

Zu den ersten beiden Komplexen: Es wurden über mehrere Jahre Studien durchgeführt, um die Besonderheiten des Verlaufs der automatisierten Erfassung, Speicherung und Datenabgabe in den Arbeitsanleitungen eindeutig niederlegen zu können. Diese Anleitungen richten sich an den an den Kat. III-Stationen nur zeitweilig anwesenden Mitarbeiter (Stationsleiter), aber auch an die zuständige Sammelstelle, eine Station der Kat. I (ganztägig besetzt). Der Mitarbeiter der Kat. III-Station hat dafür zu sorgen, daß die zuständige Sammelstelle stets über evtl. Schwierigkeiten an der AFMS orientiert ist, vor allem hat er vor Verlassen der Station alle Funktionen für den vollen automatischen Betrieb zu überprüfen. Es erfolgen über Telex jedesmal Dienstübergabe (nachmittags) und Dienstübernahme (früh).

An der Sammelstelle werden die von den AFMS eingehenden Daten in den SYNOP-Code FM 11 verschlüsselt. Dazu wird ein Formblatt benutzt, praktisch ein *Tagebuch* für die zugeordnete AFMS. Ein geübter Mitarbeiter erledigt die Verschlüsselung einer Meldung in weniger als einer $^3/_4$ Minute.

Wenn die Daten nicht automatisch eingehen, hat der Mitarbeiter der Sammelstelle die Pflicht, den Versuch zu unternehmen, die Daten von der AFMS *ab*zurufen. Gelingt das nicht, wird NIL gemeldet.

Zum dritten Komplex: Die Systeme „Wettersammlung" und „Gefahrenmeldedienst" mußten bei zunehmendem Einsatz der AFMS überarbeitet werden. Die Zahl der von einer Sammelstelle weiterzuleitenden Meldungen wurde so eingeschränkt, daß die Sammelstelle maximal 2 Kat. III-Stationen mit AFMS zu betreuen hat. Dadurch stieg die Zahl der für die Wettersammlung eingesetzten Kat. I-Stationen von 12 auf 17. Die schematische Darstellung zeigt das Sammelsystem vor dem 1. 5. 1977 und nach dem 1. 5. 1977 (Abb. 1).

Die Sammlung der Daten berücksichtigt vollständig die internationalen Regeln im Beobachtungswesen und die internationalen Verpflichtungen im Nachrichtenwesen: Konventionell erfolgen die Beobachtungen in der Wetterhütte nicht vor H —10, die Luftdruckmessung nicht vor H —05. Die Abfrage der Geber der AFMS beginnt nicht vor H —07. Die Übermittlung der AFMS-Daten erfolgt etwa in der Zeit von H —06 bis H —04. Die Sammlung bzw. Weiterleitung der verschlüsselten Wettermeldungen beginnt nicht vor H ±00. Etwa H +07 sind alle Meldungen in der Zentrale eingegangen; Vorrang haben einige Meldungen des Grundnetzes der WMO.

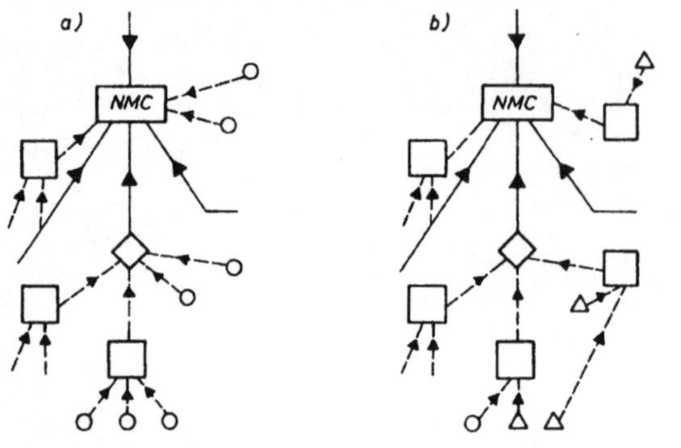

Abb. 1. Wettersammlung im Meteorologischen Dienst der DDR
a) vor dem 1. 5. 1977 b) nach dem 1. 5. 1977
○ MS Kat. I □ Sammelstelle
△ MS Kat. III ◇ Steuerstelle
- - - Telex (50 Bd)
—— Fernschreibstandverbindung (50 Bd)

H + 05 wird Liste 1 (4 MS) an das RTH Praha (für die DDR zuständiger Regionaler Nachrichtenknoten) übermittelt, ab H + 08 folgen die Listen 2 und 3 (11 MS). H + 15 erfolgt die Übermittlung der Liste 4 (24 MS) an das RTH und an benachbarte Nationale Meteorologische Zentren (NMCs). In der Liste 4 sind 11 MS enthalten, deren Meldungen zu großen Teilen des Tages nur aus AFMS-Daten stammen und daher keine visuellen Beobachtungen enthalten.

Weitere 8 Kat. III-Stationen werden nur für die nationale Verwendung gesammelt. An 5 dieser MS ist eine AFMS eingesetzt. Außerdem können die Wetterdienststellen von weiteren 5 Kat. III-Stationen AFMS-Daten bei Bedarf direkt abrufen.

Insgesamt ist zu vermerken, daß die Einbeziehung von AFMS-Daten in die operative Wettersammlung einen sehr großen organisatorischen Aufwand erforderte.

2. Erfahrungen bei der Bereitstellung und Nutzung der Wettermeldungen aus AFMS-Daten

Die in der Zentrale eingehenden Meldungen stammen von MS der Kat. I und III. Da die MS der Kat. III vom Prinzip her nur montags bis freitags am Vormittag besetzt sind, verläuft außerhalb der Dienstzeit des Stationsleiters die Datenerfassung und Datenübermittlung ohne Kontrolle durch einen Menschen an der Station. Das gilt für ca. 80% aller Termine pro Woche; durch Tagungen, Krankheiten, Feiertage und Urlaub können zeitweilig 100% erreicht werden.

Wegen der speziellen technischen Bedingungen des AFMS-Einsatzes und der relativ großen täglichen Schwankung der Anwesenheit der Stationsleiter war es notwendig, den Eingang der Meldungen von AFMS gesondert zu überwachen (Monitoring). Dies geschieht seit dem 1. 5. 1977 am NMC Potsdam (leider noch recht aufwendig in manueller Weise). Es liegt Material von 17 MS für 11 Monate vor. Einige Beispiele sollen die Größenordnung des Nicht-Einganges der Meldungen an der Zentrale zeigen (Tab. 1).

Tabelle 1. Nicht-Eingang von stündlichen AFMS-Daten im NMC Potsdam (in Prozent des monatlichen Meldesolls der MS)

Jahr		1977								1978		
Mon.		5	6	7	8	9	10	11	12	1	2	3
MS	A	2	4	5	1	2	0,7	2	4	0,1	2	3
	B	5	5	7	4	12	4	3	11	17	15	8
	C	1	2	22	37	3	2	9	43	27	1	5
	D	23	29	6	22	15	16	37	13	8	5	2

Es spielen sicherlich folgende Einflüsse eine Rolle:

a) Stabilität der Funktion der AMS selbst;
b) Stabilität der für die Datenübermittlung erforderlichen Anlagen, speziell der Datenspeicher- und -abrufanlage (DSAA);
c) Qualifikation des Stationsleiters hinsichtlich der Behebung kleiner Mängel an der AFMS;
d) Unplanmäßig lange Abwesenheit des Stationsleiters;
e) Entfernung der Station vom Standort des Servicepersonals.

Die Hauptursache der Ausfälle liegt auf jeden Fall bei der DSAA. Sehr große Schwankungen im Ergebnis des Vorhandenseins der Meldungen an der Zentrale pro Monat traten dort in Erscheinung, wo der Stationsleiter lange Zeit abwesend war (C) und wo das Service-Personal (gleich aus welchen Gründen) sehr spät in Aktion trat (C, D). Beachtenswert ist die günstige Entwicklung bei D mit neuer DSAA ab Januar 1978!

Wichtig ist es, darauf hinzuweisen, daß selbst bei sehr hohen Prozentzahlen *dieser* Auswertung die AMS-Daten *an* der Station meistens über weite Strecken *vollständig* vorhanden sind, da die Speicherung an der Station auf der Blattschreiberrolle oder mittels eingeschalteter Lochstreifenstanze funktionierte.

Die für den Wetterdienst wichtigste Aufgabe muß darin bestehen, möglichst bald alle Stationen mit der neuen (elektronisch arbeitenden) DSAA auszurüsten. Dadurch würde erreicht, daß der Eingang der Daten zuverlässiger wird und der Synoptiker nahezu regelmäßig die Meldungen der Kat. III-Stationen für seine Arbeit zur Verfügung hat. Dann würden auch die gegenwärtigen Schwierigkeiten bei der Bildung der üblichen Niederschlagssummen für 6 und 12 Stunden behoben.

Außerdem gibt es Probleme mit einigen Gebern (Taupunkt, Globalstrahlung, Blitzzahl), und den dringenden Wunsch, einen Geber für festen Niederschlag und damit für den Einsatz im Winter zu installieren.

Von der Praxis des Wetterdienstes aus werden außerdem Geber für die Wolkenuntergrenze und die Sichtweite gefordert, da das Fehlen dieser Informationen von den Kat. III-Stationen bei entsprechender Wetterlage die Beratungstätigkeit erheblich erschwert (vor allem für alle Zweige des Verkehrswesens).

Als generelle Mängel der gegenwärtigen Sammlung der meteorologischen Informationen müssen folgende genannt werden:

a) Der Datenfluß von den MS bis zur Zentrale hat zwei off-line-Stellen, nämlich die *Sammelstelle* und die *Steuerstelle*, an denen viel manuelle Arbeit geleistet werden muß (Codierung in FM 11, Stanzen von Lochstreifen, Weitergabe von Lochstreifen).
b) Die Komplexität der Informationsübermittlung und Informationsverarbeitung für den Wetterdienst und den Klimadienst ist nicht gegeben, da
   — die Sammelstellen nur die für den Wetterdienst erforderlichen Daten verarbeiten;
   — alle für den Klimadienst erforderlichen Daten noch konventionell zusammengestellt werden (Tagebücher) und die Bearbeitung der an den MS entstehenden Lochstreifen erst in Vorbereitung ist.

3. Erste Vorstellungen für die Bereitstellung meteorologischer Daten bei Vorhandensein eines automatischen Nachrichten-Vermittlungssystems (NVS) und einer AFMS der 2. Generation

In Kürze einige Hinweise, die bei der Entwicklung der geplanten 2. Generation der AFMS des MD der DDR beachtet werden sollten:

1. Erforderlich ist eine hohe Stabilität der Geber und eine hohe Zuverlässigkeit aller Teile der Anlage, auch und besonders der Fernmeldeanlagen.
2. Es müssen Geber verbessert werden und neue Geber entwickelt oder angepaßt werden. Dies gilt — aus der Sicht des Wetterdienstes — besonders für den festen Niederschlag, die Wolkenhöhe und die Sichtweite.
3. Für eine AFMS der 2. Generation muß mehr Aufmerksamkeit auf den Ausgabe-Code gelegt werden, und zwar hinsichtlich
   — der Prozeduren für die Sicherung der durchgängigen Nachrichtenübermittlung;
   — der Beibehaltung einer leichten Erkennbarkeit für visuelle Verwendung;
   — der Schaffung leichter Erkennbarkeit für maschinelle Verarbeitung (EDVA) einschließlich sinnvoller Redundanz.

4. Es muß eine Verbesserung der Nachrichtenverbindungen und der eingesetzten Nachrichtentechnik angestrebt werden, um den Datenfluß *durchgängig* und *schnell* zu gestalten:
   — von den MS zur Sammelstelle (evtl. mehr als 50 Baud, evtl. Standverbindungen?);
   — an den Sammelstellen (Prüfung der Möglichkeiten des Einsatzes von Mikroprocessoren für die Vermittlungsaufgaben);
   — von der Sammelstelle zur Zentrale (100 oder 200 Baud als Minimum, direkter Eingang in das NVS an der Zentrale!) (Abb. 2).

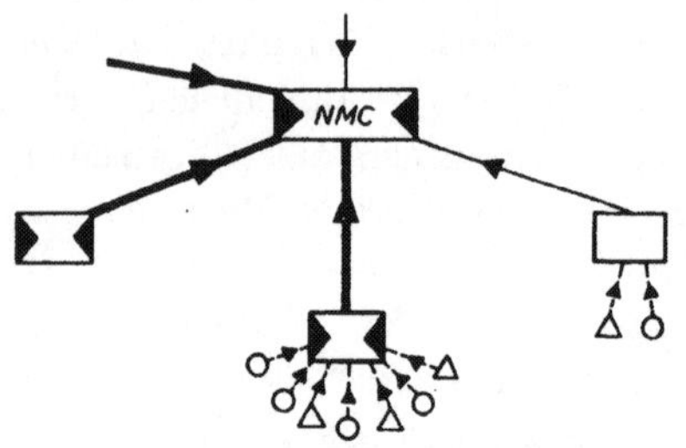

Abb. 2. Schema einer überwiegend automatisierten Sammlung meteorologischer Informationen

○ MS Kat. I — Sammelstelle
△ MS Kat. III — automatisiert
- - - Telex (50 Bd)
—— Fernschreibstandverbindung (50 Bd)
—— Standverbindung (100 ... 600 Bd)

5. Die Möglichkeiten eines NVS an der Zentrale müssen weitestgehend ausgeschöpft werden:
   — Gleichzeitige Annahme der Daten von Sammelstellen;
   — Überwachung des Einganges, Auslösen von Rückfragen;
   — Bereitstellung der *vollen* Information für die spätere Bearbeitung im nrt-Bereich;
   — Erkennen und meteorologische Prüfung für rt-Zwecke, Verschlüsseln in FM-Codes;
   — Display-Darstellung fehlerhafter Meldungen, Auslösen von Rückfragen;
   — Bulletin-Zusammenstellung für verschiedene Zwecke, besonders nationale und internationale Verbreitung;
   — Spezielle Verarbeitung der Daten für bestimmte Aufgaben des Wetterdienstes (und zum Teil auch des Klimadienstes).

Das Gesamtanliegen muß darin bestehen, die AFMS-Daten an der Station *sicher* zu gewinnen sowie die *gesamte* meteorologische Information *zuverlässig* und *zeitgerecht* von den Stationen bis zur Zentrale zu befördern, und zwar mit *möglichst geringem manuellen* Aufwand.

Über die Dokumentation der Verfügbarkeit von meteorologischen Daten, die im Netz der meteorologischen Bodenstationen des Meteorologischen Dienstes der DDR mit automatischen Stationen gewonnen werden

von J. KOLBIG, W. EICHELBAUM (DDR)

Problemstellung

In klimatologische Datenaufbereitungen sind immer Wertemengen einbezogen, die bereits vor mehreren Jahrzehnten gewonnen wurden. Die Erfahrungen zeigen, daß es ein großer Vorteil ist, wenn über die näheren Umstände der Datenerfassung gute Unterlagen im Rahmen der Netzdokumentation verfügbar sind.

Das Netz der meteorologischen Bodenstationen des Meteorologischen Dienstes der DDR umfaßt Meteorologische Hauptstationen (MHS), an denen das Standardprogramm an Messungen und Augenbeobachtungen sowie der größte Teil der Ergänzungsprogramme durchgeführt werden. An Meteorologischen Nebenstationen (MNS) wird nur das Standardprogramm an Messungen durchgeführt. Sie sind zur Primärdatengewinnung mit einer Automatischen Station (AS) ausgerüstet. Meteorologische Registrierstationen (MRS) — wie eine MNS mit einer Automatischen Station ausgerüstet und vom Personal benachbarter Stationen betreut — ergänzen in zunehmendem Maße die meteorologische Datengewinnung. MRS werden bevorzugt in lokalklimatisch interessanten Lagen errichtet.

Aus dieser Netzstruktur geht hervor, daß der Meteorologische Dienst der DDR in außerordentlich hohem Maße seine gesamte Primärdatenerfassung auf Automaten abstützt. Demgemäß sind die Anforderungen an die Betriebssicherheit der Automaten infolge des ihnen zukommenden Stellenwertes in der gesamten Primärdatengewinnung der Bodenstationen sehr hoch. Es ist ein System von Kontrollmaßnahmen und deren Dokumentation entwickelt worden, das eine zuverlässige einheitliche Überwachung der Verfügbarkeit der Daten ermöglicht und im Zusammenhang mit den Ergebnissen von routinemäßig durchgeführten Kontroll- und Vergleichsmessungen Aussagen zu den einzelnen Elementen: Betriebssicherheit der technischen Anlagen, Abbildegenauigkeit der Meßfühler und Stabilität notwendiger peripherer Funktionsvoraussetzungen (Energieversorgung und Telex-Netz) zuläßt.

Die Verfügbarkeitsüberwachung ist integraler Bestandteil der Automatisierung im Netz der meteorologischen Bodenstationen. Der Dokumentation der Verfügbarkeit in der Einheit ihrer Bestandteile kommt große Bedeutung zu:

1. Wegen der Unwiderruflichkeit einmal abgelaufener Naturzustände, die bei Defekten des Systems nicht aufgezeichnet werden und
2. wegen der zeitlichen Unbegrenztheit der Datenaufbewahrung zur Sicherung der unbekannten zukünftigen Nutzungsfälle des Materials.

Diese beiden Fakten, die zusammen die ideellen Besonderheiten meteorologischen Primärdatenmaterials ausmachen, rechtfertigen einen hohen Aufwand sowohl zur Gewährleistung als auch zur Überwachung der Verfügbarkeit.

Die Automatisierung der Datengewinnung im meteorologischen Beobachtungsnetz weist gegenüber industriellen Beobachtungssystemen noch andere Besonderheiten auf, die darin bestehen, daß der Automat an einer meteorologischen Station nicht unter ständiger Aufsicht steht und eingetretene Defekte erst unter Umständen nach einer gewissen Zeit entdeckt und beseitigt werden können. Da das Fachpersonal erst über große Entfernungen anreisen muß, um Defekte zu beseitigen, ist die Verfügbarkeit auch von der Kapazität und Organisation des Services abhängig.

Verbale Einschätzungen über Art, Umfang und Dauer von Defekten, die sich auf die Erfahrungen der Bearbeiter verschiedener Ebenen stützen, liefern nur subjektive Aussagen über die Qualität des Datenmaterials. Solche Aussagen sind im nachhinein (oft nach Jahrzehnten) nicht mehr zu interpretieren. Eine systematische Überwachung nach objektiven Kriterien gehört daher im Meteorologischen Dienst der DDR seit Einsatz der AS zu den Dienstaufgaben sowohl der meteorologischen Stationen als auch der den Netzbetrieb steuernden regionalen Ämter. Sie ist gleichzeitig für die Auslösung erforderlich werdender Reparaturarbeiten, die vom AS-Service des Instrumentenamtes ausgeführt werden, notwendig.

Zum Begriff der Verfügbarkeit

Mit dem Begriff Verfügbarkeit der meteorologischen Primärdaten wird ausgedrückt, daß die Daten zum Zeitpunkt ihrer vorgesehenen Verwendung an den entsprechenden Zielpunkten des Datenflusses in Übereinstimmung mit den technologischen Vorschriften nach Umfang und Qualität vorhanden sind.

Für den Datenfluß durch die einzelnen Prozeßglieder der Datenkette gibt es entsprechend den unterschiedlichen Aufgabenkategorien im „Echtzeit-" (rt) und „Nichtechtzeitbereich" (nrt) die entsprechenden Aspekte einer rt- und nrt-Verfügbarkeit. Da die Datenmengen komplex sind, weil sie von verschiedenen untereinander unabhängigen Gebern gewonnen werden, ist bei Ausfall eines oder mehrerer Geber neben der „vollständigen Verfügbarkeit" noch die partielle Verfügbarkeit zu unterscheiden.

Da in der Datenkette Zwischenspeicher existieren, die in gewissem Umfang zugänglich sind, besteht bei Eintreten einer Reihe von Defekten die Möglichkeit, die Daten durch die Auslösung von Sondermaßnahmen zum gewünschten Zielpunkt zu bringen. Aus diesem Grund ist noch der Sonderfall der bedingten Verfügbarkeit zu unterscheiden.

Die einzelnen Gruppen der Verfügbarkeit sind wie folgt definiert:

— „vollständige Verfügbarkeit": das Gesamtsystem zur Datenerfassung von den Meßfühlern über die Kommunikationsanlagen und EDVA arbeitet bestimmungsgemäß, das heißt, daß eine vollständige Serie von Meßwerten und Kennungsteilen der AS innerhalb der zulässigen Toleranzgrenzen an den Zielpunkt gelangt.
— „partielle Verfügbarkeit": Sie liegt vor, wenn am Zielpunkt nur ein Teil der Meßwerte, die

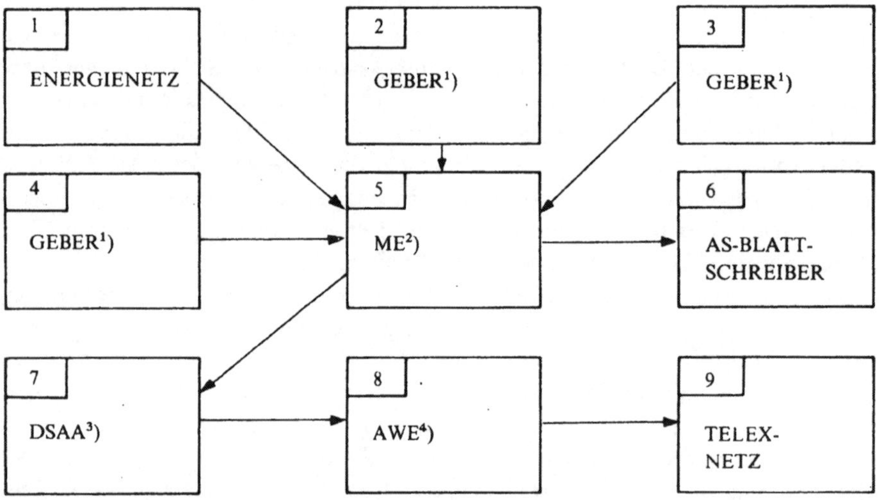

1) beliebige Teilmenge der Geber
2) Meßwerterfassungsanlage
3) Datenspeicher- und Abfrageanlage
4) Automatische Wähleinrichtung

Verfügbarkeitsgruppe	Wirksamkeit		Fall	gestörtes Funktionsteil
I nicht verfügbar	rt, nrt		A	1
			B	5
		Bei-	C	6 und 9
II partiell verfügbar	rt, nrt	spiel-	D	2 oder 3 oder 4 bzw.
		fall		andere Kombinationen
III bedingt verfügbar	rt		E	7
			F	9
IV bedingt verfügbar	nrt		G	6
V bedingt partiell verfügbar	rt		H	4 und 7
partiell verfügbar	nrt		I	4 und 8
VI bedingt partiell verfügbar	nrt		J	3 und 6
partiell verfügbar	rt			

Abb. 1. Schematischer Überblick über die Abgrenzung von Verfügbarkeitsgruppen

Station	Lufttemperatur [K]				Taupunkt [K]	Niederschlag
	$\overline{\Delta t}$	Δt_x	Δt_n	σ_t	$\overline{\Delta \tau}$	
A	0,31	1,5	−0,3	0,38		
B	0,07	0,8	−0,5	0,41		
C	0,48	0,9	−0,1	0,43		
D						

Anmerkung: Beim Meßergebnis einer Temperaturdifferenz von 1,5 K im Falle der Station A wurde unmittelbar der Service-Dienst aktiviert. Die durchschnittliche Temperaturdifferenz von 0,48 K im Falle der Station C ist Anlaß zu einer Überprüfung des Automaten.

Abb. 2. Schema der Auswertung der AS-Vergleichsmessungen

eindeutig nach Station, Zeit und Parameter zuzuordnen sind, ankommt.

— „bedingte Verfügbarkeit“: Sie liegt vor, wenn am Zielpunkt erst nach Auslösen von Sondermaßnahmen alle Meßdaten vorliegen.
— „bedingt partielle Verfügbarkeit“: Sie ist gegeben, wenn am Zielpunkt erst nach Auslösen von Sondermaßnahmen nur ein Teil der AS-Daten, die jedoch eindeutig zuzuordnen sind, vorliegen.

Diese Systematisierung machte sich notwendig, damit eine einheitliche Erfassung und Überwachung der Verfügbarkeit der AFMS ermöglicht wird, deren Dokumentation zur Ableitung von Schlußfolgerungen für alle Nutzerbereiche (für operative, methodische und auswerttechnische Zwecke) die Grundlage bilden kann.

Prinzipien der einheitlichen Erfassung der Verfügbarkeit auf der Grundlage definierter Bewertungskriterien

Durch tägliche (an MHS) bzw. werktägliche (an MNS) Vergleichsmessungen bzw. Funktionsprüfungen wird für einen Teil der Geber die Funktion überwacht.

Treten kritische Abweichungen auf bzw. werden Defekte an der Meßwerterfassungsanlage und ihrer Peripherie festgestellt, wird auf der Grundlage eines Kataloges der Störungen die Einschränkung der Verfügbarkeit nach Art, Eintrittszeitpunkt und Dauer aufgezeichnet und in verschlüsselter Form unverzüglich zur Auslösung von Service-Maßnahmen signalisiert. Die Aufzeichnung der Vergleichsmessung erfolgt in einem Lochbeleg. Das Schema für die routinemäßige Auswertung ist in Abb. 2 dargestellt.

Die Dokumentation erfolgt nach Abb. 3 für alle Stunden des Tages. Die routinemäßige Grundauswertung der Dokumentation erfaßt die in Abb. 4 enthaltenen Parameter.

Ergänzt wird die Dokumentation der von den Stationen durchgeführten Verfügbarkeitsüberwachung durch eine Aufzeichnung der Verfügbarkeit, die am rt-Zielpunkt effektiv vorgelegen hat.

Diese Ergänzung ist notwendig, damit die Stabilität der Kommunikationsglieder überwacht werden kann.

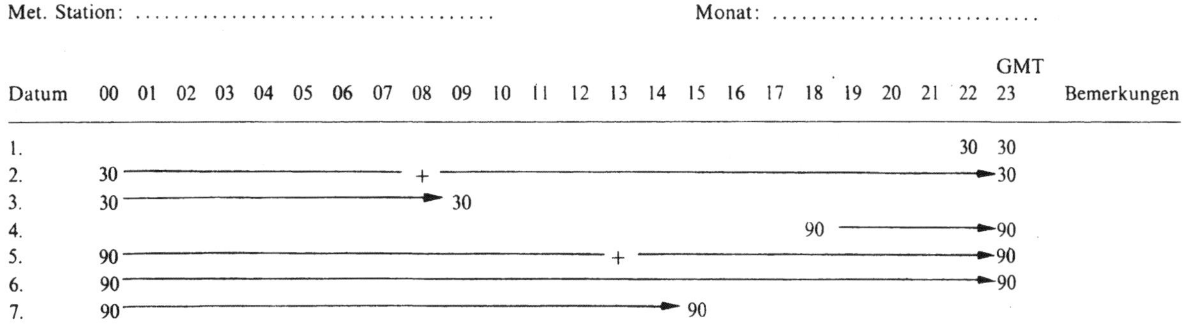

Erläuterung der Schlüsselziffern:

30 = Zyklus III (Lufttemperatur, Bodentemperatur, Taupunkt u. Luftdruck gestört) + = STAS-Meldung ist erfolgt
90 = Automatische Wähleinrichtung (AWE) ausgefallen

Abb. 3 Erfassungsliste zur Primärdokumentation der AS-Verfügbarkeit (Seite 1)

Met. Station .... Monat: ....

1 Schlüssel-ziffern-komplex	2a Zahl der Termine vor Abgabe der STAS-Meldung; 3 Datum der Abgabe der STAS-Meldung	4a Σ	Zahl der Termine nach Abgabe der STAS-Meldung	2b; 4b Σ	5 Σ	6 Zahl der Tage mit Ausfall, Störung	7 Häufigkeit von andauernden Ausfalltagen (Ausfall > 12 Std) Tagefolgen 1	2	3	4	5	6	7	8
10 ...														

Abb. 4. Erfassungsliste zur Primärdokumentation der AS-Verfügbarkeit (Seite 2)

Zusammenfassung

Die Anwendung sehr detaillierter Kontroll- und Erfassungsmethoden zur lückenlosen vollständigen Dokumentation der Verfügbarkeit dient — wie die vorliegenden Erfahrungen bereits zeigen — dazu, die Service-Leistungen rationell zu steuern, die Leistungsfähigkeit der Automaten als Einheit von Geber/Meßwerterfassungsanlage und nachrichtentechnischer Peripherie im Hinblick auf die Bemessung von Wartungsarbeiten und bezüglich der Weiterentwicklung der Automaten zu bewerten. Gleichzeitig ist sie notwendig zur Schaffung eines Informationsfundus für die wissenschaftliche Bearbeitung der Beobachtungsreihen. Dabei werden vielfach Effekte deutlich, die in methodischen oder technischen Unregelmäßigkeiten ihre Ursachen haben, die oft zum Zeitpunkt ihres Auftretens nicht gebührend beachtet werden, die aber im nachhinein ohne diese Dokumentation nicht interpretierbar bzw. behebbar sind.

Die Dokumentation der Verfügbarkeit von meteorologischen Daten, die in Meßnetzen mit Hilfe Automatischer Stationen gewonnen werden, wird oft als zweitrangige Aufgabe behandelt, da sie in ihrer Bedeutung unterschätzt wird. Sie ist jedoch sowohl für die Betreibung der Meßnetze und für die Nutzung ihrer Ergebnisse von großer Bedeutung. Deshalb sollte diese Aufgabe im Zuge der Automatisierung von Meßnetzen von Anfang an integraler Bestandteil der Automatisierungskonzeption sein.

Messungen der Schwächung der UV-Strahlung in einer bodennahen Trasse (Luftschicht)

von A. S. Britaev, G. P. Faraponova, R. Ch. Chalikova (UdSSR)

Die bodennahe optische Meßstrecke, die man für die vorliegenden Untersuchungen verwendete, bestand aus einer Strahlungsquelle, die in dem Fernsehturm in Ostankino (Moskau) in einer Höhe von 47 m installiert war, und aus einem Spektrometer — doppelter Monochromator vom Typ DMR-4 —, das in einer Höhe von 10 m und in einer Entfernung von ca. 400 m von der Strahlungsquelle aufgestellt war. Das Spektrometer ist mit einer Quarzoptik versehen und hat eine verhältnismäßig hohe Auflösung im ultravioletten Spektralbereich, die für $\lambda < 3000$ Å etwa 5 Å/mm beträgt. Das Gerät ist mit einem Spezialblock ausgestattet, der eine ununterbrochene Skalierung des Spektrums im ausgewählten Spektralbereich ermöglicht. Als Strahlungsempfänger dient ein Fotoelektronenvervielfacher FEU-18 A, dessen Signal durch einen Selbstschreiber registriert wird. Als ultraviolette Strahlungsquellen können die genügend starken Lampen mit kontinuierlichem bzw. linienähnlichem Spektrum angewandt werden. Bei den vorliegenden Messungen benutzte man einen Scheinwerfer mit der Quecksilberdampflampe DRSch-500. Das Spektrum dieser Quelle hat eine linienähnliche Struktur, die den Spektrallinien von Quecksilber entspricht. Eine Prüfung der Beziehung zwischen den Spektren der Quelle und der Netzspannung hat gezeigt, daß relative Werte von Intensitäten der Spektrallinien der Lampe DRSch-500 bei einer Netzspannung von 200 bis 240 V im Bereich von 2 bis 5% spannungsunabhängig sind.

Um eine Methodik zur Bestimmung des Gehaltes von Absorptionsstoffen zu entwickeln und auszuarbeiten, um die Besonderheiten der Schwächung der ultravioletten Strahlung in den örtlichen Verhältnissen von Moskau festzustellen, sind die Spektralmessungen im Februar 1974 bei verschiedenen Wetterlagen durchgeführt worden. Da die nach der Intensität genügend hohe zerstreute Himmelsstrahlung am Tage auf die Spektralstrahlung im nahen Ultraviolett gelegt wird, sind die Messungen hauptsächlich bei $\lambda < 3000$ Å, wo die Himmelshelligkeit gering ist, durchgeführt worden. Es wurde die relative Intensität von Hauptbanden der Quecksilberstrahlung von 3022, 2967, 2893, 2804, 2652 und 2537 Å untersucht. Diese Linien sind gut auf den Spektrogrammen zu sehen (Abb. 1). Die Spektrogramme wurden im Zeitabstand von etwa 5 min aufgenommen. In einer Meßserie von 2—3 Stunden konnten 20 bis 30 Spektren erhalten werden. Insgesamt wurden etwa 20 Meßserien durchgeführt.

Bei der Datenverarbeitung sind relative Werte von I_λ/I_{3022} und anschließend die Werte von $L = \lg I_\lambda/I_{3022}$ berechnet worden. Die Meßergebnisse der Intensität einzelner Spektrallinien zeigten, daß sie im Laufe des Tages sehr variiert, was einen instabilen (labilen) Zustand der unteren Atmosphäre widerspiegelt. Trotzdem bleibt der Charakter der Spektralverteilung der Intensität der untersuchten Banden an einzelnen Tagen hauptsächlich ein und derselbe. Das ist aus Spektrogrammen zu entnehmen, die von Meßserien stammen, die bei Regen und bei

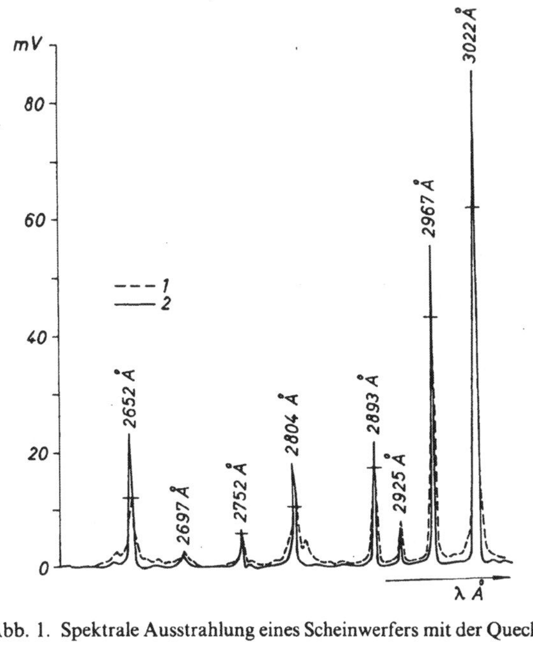

Abb. 1. Spektrale Ausstrahlung eines Scheinwerfers mit der Quecksilberlampe DRSch-500 nach dem Durchgang durch eine 400 m-Schicht reiner (*2*) und trüber (*1*) Luft

Nebel durchgeführt wurden. Im ersten Fall war die Schwächung im Kurzwellenbereich des Spektrums nicht groß, und im zweiten Fall war die Schwächung bedeutend, wobei sich dieser Unterschied im Langwellenbereich des Spektrums weniger als im Kurzwellenbereich zeigt.

Die Analyse der Meßergebnisse zeigt, daß die Spektralschwächung in der bodennahen Schicht sehr von der Wetterlage abhängig ist.

Zur Schätzung eines möglichen Einflusses des Ozons wurde die Berechnung des Ozongehaltes durchgeführt. Dabei nahm man an, daß es in diesem Spektralgebiet keine Absorptionsbanden durch andere Stoffe gäbe. Die Berechnungen, die für einige Tage und je drei Wellenlängenpaare (2804/3022; 2652/3022 und 2537/3022 Å) durchgeführt wurden, haben die ziemlich hohen Werte des Ozongehaltes (ca. 100 µg O_3/m^3) bei einer Streubreite von 5 bis 50 % im Bereich eines Spektrums ergeben. Die bedeutende Streubreite und die unreell großen Werte des Ozongehaltes sind auf den Einfluß anderer Verunreinigungskomponenten zurückzuführen, die man nicht berücksichtigen konnte. Während man die Ergebnisse über die Spektralschwächung in der bodennahen Schicht mit den Daten der chemischen Analyse vergleicht (diese Daten werden in der Abteilung für Verunreinigung des Zentralobservatoriums (CVGMO) ermittelt), kann man einige Beziehungen untereinander im Hinblick auf ihre Eigenschaften feststellen. Insbesondere wurde bemerkt, daß bei einem hohen Gehalt von Stickstoffdioxid und Schwefeldioxid, deren Absorptionsbänder im Spektralbereich von $2800 < \lambda < 3100$ Å liegen, eine Zunahme der Schwächung bei $\lambda = 2893$ und 2967 Å zu beobachten ist. Eine solche Beziehung der Schwächung infolge des in der Luft vorhandenen Schwefeldioxides wurde aus den Meßergebnissen in der Stadt Washington [1] festgestellt. Zur Ermittlung von sichereren Beziehungen sind ein größerer Umfang von Beobachtungen sowie eingehendere Daten über die chemische Zusammensetzung und Mikrostruktur von Aerosol und Gaszusammensetzung der Beimischungen in der bodennahen Luftschicht notwendig.

Literatur

[1] Baum, W., Dunkelman, L., Horizontal attenuation of ultraviolet light by the lower atmosphere. J. Opt. Soc. Amer. **45** (1955) 3, 166—175.

Zur Methodik der Bestimmung des Ozongehaltes in der unteren Atmosphäre durch Messungen im ultravioletten Spektralbereich

von A. S. BRITAEV, G. P. FARAPONOVA (UdSSR)

Es ist bekannt, daß die reelle Schwächung der Strahlung in der atmosphärischen Luft aus der Schwächung infolge Absorption durch die Gaskomponenten, der Streuung durch die Luftmoleküle und der Schwächung durch das Aerosol besteht. Zur Veranschaulichung des Anteils einzelner Komponenten an der gesamten Schwächung zeigt die Abb. 1 einige Beispiele für die Schwächung der Strahlung in einer Atmosphärenschicht von 1 km Mächtigkeit, wobei die Luft die am häufigsten auftretenden Gase enthält:

Ozon (O_3) mit einer Konzentration von $\varepsilon = 20{,}60$ und 200 µg/m³
Schwefeldioxyd (SO_2), $\varepsilon = 200$ und 500 µg/m³
Stickstoffdioxyd (NO_2), $\varepsilon = 200$ µg/m³

Die Werte der Schwächung sind für Wellenlängen angegeben, die den Spektrallinien der Quecksilberstrahlung entsprechen. Die Absorptionskoeffizienten sind aus den Arbeiten [3, 4] entnommen. In Abb. 1 sind auch die Werte der spektralen Schwächung durch Luftmoleküle für drei wetterbedingte Schwächungstypen durch das Aerosol dargestellt. Sie gelten für die Umgebungsverhältnisse von Moskau [1]. Der Schwächungstyp A hat seinen Maximalwert bei 3000 Å und wird bei erhöhter Trübung und Luftfeuchtigkeit beobachtet. Der Typ B ist durch die Zunahme des Wertes von δ mit der Abnahme der Wellenlänge λ gekennzeichnet und der Typ C entspricht einer schwachen Abhängigkeit des Wertes δ_λ von λ, wie sie für labile Wetterlagen charakteristisch ist.

Die Schwächung erreicht die größten Werte (bis 5 km^{-1}) bei Nebellagen, jedoch ist die Veränderung von δ_λ mit der Wellenlänge im betrachteten Spektralbereich offensichtlich nicht größer als 0,1 km^{-1}. Die durch Ozon verursachte spektrale Änderung $\Delta\alpha_\lambda \cdot X$ (α_λ Absorptionskoeffizient des O_3, X Ozongehalt) erreicht im betrachteten Gebiet denselben Wert wie bei einer Ozonkonzentration von $\varepsilon = 2$ µg je m³. Die Schwächung, die durch die molekulare Streuung β_λ und die Absorption durch Stickstoffdioxid bedingt ist, ist unbedeutend. Daraus folgt,

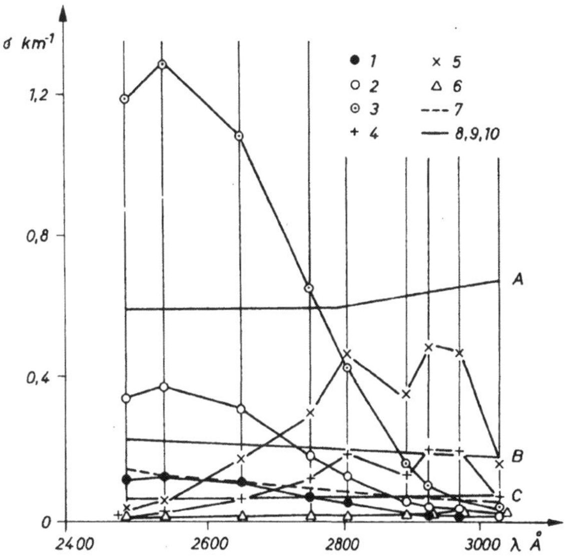

Abb. 1. Schwächung der Strahlung durch verschiedene Komponenten der atmosphärischen Luft

1, 2, 3 — durch Ozon bei einer Konzentration von 20,60 bzw. 200 µg/m³,
4, 5 — durch Schwefeloxid bei einer Konzentration von 200 bzw. 500 µg/m³,
6 — durch Stickstoffdioxid bei einer Konzentration von 200 µg/m³,
7 — durch Luftmoleküle,
8, 9, 10 — durch Aerosol bei Wettertypen A, B bzw. C.
Die Schwächungskoeffizienten δ zu 1 ... 6 sind nur für Quecksilberlinien angegeben.

daß die Absorption durch das Ozon bei einer Konzentration von $\varepsilon = 20$ µg/m³ im Bereich von 2500 bis 3000 Å besonders groß ist. Schwefeldioxid leistet bei einer Konzentration von > 100 µg/m³ einen wesentlichen Beitrag zur Schwächung bei $\lambda > 2750$ Å. Die spektrale Schwächung durch das Aerosol δ_λ streut infolge großer Variabilität der Zusammensetzung des Aerosols in der bodennahen Luftschicht über einen weiten Bereich.

Durch Anwendung der in der Ozonometrie üblichen Methode der zwei Wellenlängen kann man unter der Voraussetzung, daß die Schwächung durch das Aerosol für hinreichend kleine Spektralintervalle

$\Delta\lambda = \lambda - \lambda'$ ungefähr gleich ist ($\delta_\lambda \approx \delta_{\lambda'}$), eine lineare Beziehung zwischen der Schwächung der Strahlung in diesen Wellenlängen und dem Gehalt des absorbierenden Stoffes ermitteln. Unserer Meinung nach ist in dem untersuchten Spektralbereich die Absorption von zwei Komponenten mit den Absorptionskoeffizienten α (O_3) und γ_λ (SO_2) zu berücksichtigen. Durch Zusammenfassung der Gleichungen, die die Schwächung für zwei Wellenlängen beschreiben, erhält man

$$\Delta L^* = L_0 - L - \Delta\beta \cdot l\,, \tag{1}$$

$$L_0 = \lg \frac{I_{0\lambda}}{I_{0\lambda'}} \quad \text{und} \quad L = \lg \frac{I_\lambda}{I_{\lambda'}}\,,$$

I_λ; $I_{0\lambda}$ Intensität der monochromatischen Strahlung vor und nach dem Durchgang durch die absorbierende Schicht l,

$\Delta\beta = \beta_\lambda - \beta_{\lambda'}$ Differenz der Koeffizienten der molekularen Streuung bei den Wellenlängen λ und λ',

$\Delta\alpha = \alpha_\lambda - \alpha_{\lambda'}$, $\Delta\gamma = \gamma_\lambda - \gamma_{\lambda'}$ Differenz der Absorptionskoeffizienten bei den Wellenlängen λ und λ'.

Unter Nutzung verschiedener Kombinationen für die Wellenlängenpaare erhalten wir ein System n linearer Gleichungen

$$\Delta L_i^* = \{\Delta\alpha_i X + \Delta\gamma_i Y\}\,,$$
$$i = 1, 2, \ldots, n\,. \tag{2}$$

Durch Lösung dieses Systems nach der Methode der kleinsten Quadrate für X und Y erhalten wir folgende Formeln:

$$X = \frac{A_2B_1 - A_3B_2}{A_1A_2 - A_3^2} \quad \text{und} \quad Y = \frac{A_1B_2 - A_3B_1}{A_1A_2 - A_3^2}\,, \tag{3}$$

mit

$$A_1 = [\Delta\alpha_i^2]\,, \qquad A_2 = [\Delta\gamma_i^2]\,,$$
$$A_3 = [\Delta\alpha_i \Delta\gamma_i]\,,$$
$$B_1 = [\Delta\alpha_i \Delta L_i^*]\,,$$
$$B_2 = [\Delta\gamma_i \Delta L_i^*]\,.$$

Die Summation erstreckt sich über die Spektralbereiche $\Delta\lambda_i$, ($i = 1, 2, \ldots, n$).

Wir wandten die Ergebnisse der spektralen Messungen der Absorption im UV-Bereich auf eine abschüssige Trasse in Ostankino (Moskau) [2] an und bestimmten den Ozon- und Schwefeldioxidgehalt nach Formel (3). Die Berechnungen wurden mit Hilfe mehrerer Verfahren durchgeführt: unter Nutzung der Strahlungsintensitäten bei $\lambda = 302{,}2$ und 296,7 nm als Ausgangsgrößen, aus der Absorption in benachbarten Linien $\lambda_i - \lambda_{i+1}$ und auch für alle aufgezeigten Kombinationen.

Die Ergebnisse der durchgeführten Berechnungen zeigen, daß die Werte der Ozonkonzentration, die nach den verschiedenen Verfahren gewonnen wurden, miteinander befriedigend übereinstimmen. Die mittlere quadratische Abweichung beträgt dabei 30 µg/m³. Die Ozonkonzentrationswerte erreichen bei schwachem Nebel im Durchschnitt 200 µg/m³, was die früher bestimmten Werte erheblich übersteigt [5]. An Tagen mit Regen beträgt die Ozonkonzentration etwa 70 µg/m³. Es ist zu bemerken, daß die Werte der Konzentration, die aus einzelnen Spektren in zeitlichem Abstand von 5 min ermittelt wurden, in einem großen Bereich streuen. Das ist aus Abb. 2 ersichtlich, in der zwei Fälle der Ozonbestimmung bei Nebel und Regen wiedergegeben sind. Die Werte für die Schwefeldioxidkonzentration liegen etwa in der gleichen Größenordnung wie die Werte, die mit der elektrochemischen Methode bestimmt wurden.

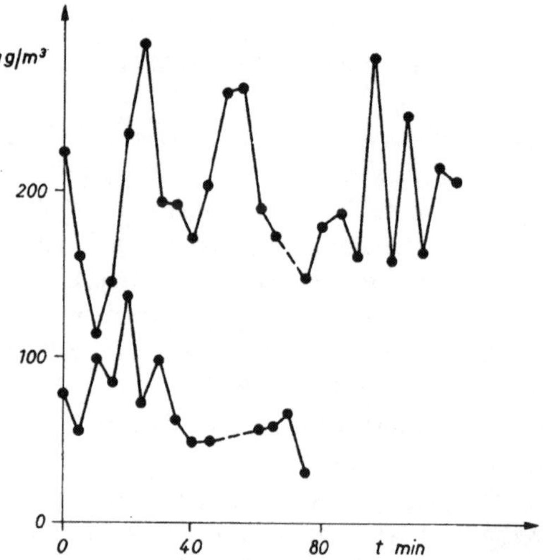

Abb. 2. Ozonkonzentration nach spektralen Messungen im UV-Gebiet
oben: schwacher Nebel; unten: Regen

Literatur

[1] BADAEV, V. V., GEORGIEVSKKJ, JU. S., PIROGOV, S. M., Ob aèrozol'nom oslablenii v oblasti spektra 0,25—2,2 mkm. Izv. AN SSSR, Fiz. Atm. Okean. **11** (1975) 5, 522—526.

[2] BRITAEV, A. S., FARAPONOVA, G. P., CHALIKOVA, P. CH., Izmenčivost'spektral'noj intensivnosti solnečnogo izlučenija v ozonnom ul'trafiolete. Trudy CVGM (1975) 6, 102—108.

[3] Spravočnik po geofizike Moskva: Izd. Nauka, 1965, 446—454.

[4] HALL, T. C., BLACET, F. E., Separation of the absorption spectra of NO_2 and N_2O_4 in the range 2400—5000 Å. J. Chem. Phys. **20** (1952) 11.

[5] BRITAEV, A. S., Ozon v troposfere. Trudy CAO (1965) 66, 19—50.

Einige Forschungsergebnisse zur Veränderlichkeit der Spektren meteorologischer Elemente und Anforderungen an meteorologische Messungen

von K. N. MANUJLOV, V. G. SOROKIN, A. S. KRANCBERG (UdSSR)

Zusammenfassung

Die Einführung automatischer Stationen für netzmäßige hydrometeorologische Messungen ermöglicht eine Erhöhung der Meßgenauigkeit und Zuverlässigkeit sowie eine automatische Informationsübertragung. Andererseits stellt die Lösung dieser Aufgabe auch einen beachtlichen ökonomischen Faktor dar. Eine sorgfältige Analyse über die Anforderungen an ein solches automatisches System hinsichtlich Ausstattung und Anforderungen ist deshalb methodisch zu begründen.

Es werden einige experimentelle Forschungsergebnisse des HMD der UdSSR vorgelegt, die sich auf Anforderungen an hydrometeorologische Meßsysteme, Diskretheit der Messungen und Filterung der Hochfrequenzkomponenten des Prozesses beziehen.

Es wurden weiterhin Untersuchungen über die zeitliche Veränderlichkeit der Elemente Lufttemperatur, Taupunkttemperatur, Windgeschwindigkeit und Luftdruck durchgeführt und ein mathematisches Modell für den Ausgangsprozeß aufgestellt.

Результаты исследований спектров изменчивости метеорологических элементов и требования к метеорологическим измерениям

К. Н. МАНУЙЛОВ, В. Г. СОРОКИН, А. С. КРАНЦБЕРГ (СССР)

Автоматизация сетевых приземных гидрометеорологических измерений дает возможность увеличить точность и достоверность их, повысить оперативность получения и передачи информации, улучшить условия труда наблюдателей. Однако, оснащение гидрометеорологической сети автоматическими станциями связано со значительными капитальными затратами, а процесс эксплуатации требует организации регулярного обслуживания сложной сетевой техники. В связи с этим до принятия решения об автоматизации гидрометеорологической сети целесообразно осуществить предварительный анализ и методически обосновать требования к новой автоматизированной системе.

В настоящем докладе представлены некоторые результаты экспериментальных исследований, выполненных в Гидрометслужбе СССР, на основании которых сделана попытка определить и обосновать требования к измерительным гидрометеорологическим системам, в частности требования к целесообразной точности аппаратуры, дискретности измерений (частоты выдачи измеренной информации) и фильтрации высокочастотных составляющих процесса.

Очевидно, что требования к точности измерительной системы должны быть согласованы с точностью решений задач, для которых используется первичная измерительная информация, т. е. со степенью соответствия математической модели, положенной в основу решений задач, реальным физическим процессам.

Однако, гидрометеорологические элементы являются функциям пространства и времени. Колебания их носят нерегулярный характер, неподдающийся аналитическому описанию, а данные о степени соответствия математических моделей реальным гидрометеорологическим процессам — отсутствуют.

В настоящее время широкое распространение

получило статистическое описание изменчивости метеорологических элементов, преимущественно с помощью ковариационных функций и спектральной плотности, которая характеризует распределение дисперсии колебаний по частотам.

Определение требований к точности измерительной системы в первом приближении можно осуществить, исходя из задачи восстановления процесса по результатам сетевых измерений, осуществляемых через существующие временные интервалы ΔT (для большей части сети станций СССР $\Delta T = 3$ часа). Согласно известной теорема Котельникова, составляющие процесса с частотами ниже $f_H = \frac{1}{2} \cdot \frac{1}{\Delta T}$, могут быть точно восстановлены по результатам измерений в моменты времени $K \Delta T$ (где $K = 0, \pm 1, \pm 2 \ldots$). Составляющие с частотами выше f_H не восстанавливаются и являются „помехой", искажающей восстанавливаемый процесс. Мерой возникающей при этом неопределенности является дисперсия σ_H^2, всех составляющих процесса с частотами выше f_H.

σ_H^2 можно определить зная спектр изменений гидрометеорологических элементов и принимая в качестве ΔT существующий интервал между измерениями (т. е. формально допуская, что такая дискретность получения информации приемлема для ее потребителей).

Дисперсию σ_n^2 допускаемой случайной составляющей погрешности измерительной аппаратуры при этом целесообразно задавать как долю от σ_n^2

$$\sigma_n^2 = a\sigma_H^2 .$$

Однако, при таком подходе может оказаться, что полученная в результате погрешность информации

$$\sigma_n = \sqrt{\sigma_n^2 + \sigma_H^2} = \sigma_H \sqrt{a + 1}$$

не удовлетворяет требованиям потребителей информации, вытекающих из существа задач, решаемых с помощью получаемых данных.

В этом случае требуется подход к построению измерительной системы, обеспечивающий оптимизацию ее параметров. Необходимыми условиями такого подхода является наличие обоснованных данных о величине погрешности δ, которая имеет место при использовании полученной информации для решения задач верхного уровня, т. е. о степени соответствия принятой математической модели реальному гидрометеорологическому процессу, а также возможность выбора величины интервала времени между измерениями ΔT.

Сопоставляя величины ΔT, δ, $\sigma_n = f(\sigma_H)$ можно оптимизировать их соотношение.

Экспериментальные исследования спектров метеорологических элементов были выполнены рядом исследователей. Так, спектры скорости ветра были получены Ван дер Ховеном [1], а затем Бызовой Н. Л., Ивановым В. Н. и Морозовым С. А. [2], спектры температуры воздуха — Мониным А. С. и Колесниковой В. Н. [3]. На основании спектров были сделаны некоторые выводы о характере временной изменчивости этих метеорологических элементов. В частности, было обнаружено, что спектры их имеют так называемый „мезомасштабный минимум", т. е. значительное уменьшение мошности процесса в мезомасштабной области частот.

Однако, в связи с недостаточной широтой исследований, относительно малым объемом полученных экспериментальных данных, а также ввиду несоответствия условий эксперимента условиям стандартных наземных метеорологических измерений, результаты предыдущих исследований не могут служить основой для выработки требований к сетевым измерительным системам.

Учитывая это, в последнее время в Гидрометслужбе СССР были поставлены широкие экспериментальные исследования временной изменчивости четырех метеорологических элементов: температуры воздуха, точки росы, скорости ветра и атмосферного давления. Исследования были организованы на базе автоматических станций М106-М106М, размещенных в Белорусской ССР и настроенных на учащенный режим измерений. Автоматизация измерений позволила получить значительный экспериментальный материал в различных погодных условиях и синоптических ситуациях, зимой и летом в ряде точек на территории Белорусской ССР. Первичный материал исследований (перфоленты) был подвергнут обработке на ЭВМ „Минск-32". Учитывая, что спектральная теория в настоящее время разработана только для стационарных процессов, полученные ряды измеренных данных были проверены на независимость от времени математического ожидания и дисперсии процесса. Было показано, что исходный процесс может быть представлен следующей математической моделью:

$$\xi(t) = Z(t) + \Psi(t) \cdot \nu(t) ,$$

где $Z(t)$ низкочастотная составляющая (с периодом колебаний более ΔT;

$\Psi(t)$ детермированная функция } для высокочастотной области ($f > {}^1/_2\, T$),

$\nu(t)$ случайный стационарный процесс } для высокочастотной области ($f > {}^1/_2\, T$),

Затем для случайных составляющих процесса по специальной программе были вычислены ковариационные функции и путем преобразования Фурье — выборочные спектральные плотности. Для повышения достоверности результатов и уменьшения дисперсии спектральных оценок при обработке данных было использовано коррелляционное „окно Бартлетта“ и дополнительное сглаживание спектральных оценок по частотным полосам.

Для проверки, некоторые реализации были дополнительно обработаны на ЭВМ с помощью быстрого преобразования Фурье. Полученные спектры практически совпали со спектрами, полученными в результате описанной выше обработки данных.

Результаты исследований были подвергнуты анализу и сопоставлены с данными, полученными предыдущими исследователями. При анализе было подтверждено, что в мезомасштабной области частот мощности спектров в подавляющем большинстве уменьшаются. Было обнаружено, что дисперсии колебаний в этой области еще сравнительно велики и их величинами нельзя пренебрегать, а спад мощности спектра при переходе от низких частот в мезомасштабную область, как правило, сдвинут от частоты $f_H = \frac{1}{6} \frac{1}{\text{час}}$ в сторону более высоких частот. Были определены значения дисперсии неопределенности σ_H^2, возникающих при восстановлении процесса изменения метеоэлементов по измерениям, осуществляемым через временные интервалы $T = 3$ ч и 1 ч.

На табл. 1 представлены величины средней квадратичной погрешности неопределенности σ_H. Учитывая, что применение фильтрации высокочастотных компонент спектра уменьшает неопределенность восстанавливаемых процессов, в табл. представлены значения σ_H, как для случая традиционных измерений, во время которых обычно не применяется фильтрация (за исключением сглаживания за счет инерционности аппаратуры), так и для измерений с применением специальной фильтрации высокочастотных компонент в виде 20-минутного осреднения данных. Учитывая, что изменчивость метеорологических элементов зависит от сезона, выборочные спектры были осреднены отдельно для зимнего и весенне-летнего сезонов. Соответственно этому табл. 1 содержит значения σ_H для обоих сезонов.

Из результатов описанных исследований спектров изменчивости метеорологических элементов можно сделать следующие основные выводы:

1. Полученные значения дисперсии неопределенности σ_H^2 могут служить основой для определения и обоснования требований к погрешности измерительных метеорологических средств, в частности, автоматических метеорологических станций.
2. Для уменьшения σ_H целесообразно:
   а) применять фильтрацию высокочастотных компонент. Для этой цели можно, например, использовать сочетание аналогового фильтра в виде инерционности датчиков с 10—20-минутным дискретным осреднением получаемых данных;
   б) уменьшить период измерения и выдачи информации до $T = 1$ час.

Таблица 1

Метеоэлемент	Месяц	Средние значения					
		$T = 3$ ч		$T = 1$ ч		$T = 3$ ч	$T = 1$ ч
		без фильтра	с фильтром	без фильтра	с фильтром	без фильтра	с фильтром
Температура воздуха, град	декабрь	0,3	0,25	0,15	0,1	0,70	0,35
	май	0,55	0,5	0,3	0,2	0,95	0,45
Точка росы, град	декабрь	0,45	0,35	0,25	0,15	1,2	0,5
	май	0,7	0,6	0,5	0,35	1,7	1,5
Скорость ветра, м/с	декабрь	0,7	0,50	0,5	0,35	0,95	0,7
	май	0,85	0,65	0,6	0,40	2,0	1,0
Давление, мб	декабрь	0,2	0,18	0,15	0,1	0,35	0,2
	май	0,2	0,18	0,1	0,05	0,40	0,25

Литератур

[1] Van der Hoven, Power spectrum of horizontal wind speed in the frequency range from 0,0007 to 900 cycles per hour, J. Meteorol. **14** (1957), 160—168.

[2] Бызова, Н. Л., Иванов, В. Н., Морозов, С. А., Турбулентные характеристики скорости ветра и температура в пограничном слое атмосферы. Атмосферная турбулентность и распространение радиоволн. Москва 1967, 76 103.

[3] Монин, А. С., Колесникова, В. Н., О спектрах колебаний метеорологических полей. Физика атмосферы и океана **1** (1965) 653—669.

Hochfrequenzverfahren und Vorrichtungen zur Messung von Windparametern

von A. I. Mechovič, E. B. Grejz, V. I. Timofeev, V. N. Čub

Die Messung von Windparametern gehört zu den wichtigsten Arten der meteorologischen Beobachtungen. Für die Entwickler der Automatischen Meteorologischen Stationen (AMS) ist daher das Problem der Auswahl eines optimalen Verfahrens zur Messung von Windparametern sowie der Bau der die gewünschte Meßgenauigkeit garantierenden, zuverlässigen und rentablen Anlagen von großer Bedeutung.

Der Wind ist eine Vektorgröße und wird durch zwei Parameter charakterisiert — durch den Geschwindigkeits- (den Modul) und den Richtungswert (das Argument). Die meisten modernen Windmesser basieren auf der Ausnutzung von rotierenden Anemometern, was auf deren gute Betriebseigenschaften zurückzuführen ist [1]. Die meisten AMS, die vom ZKB GMP (UATGMS-4M, AAMS-1, ASKZA u. a.) entwickelt worden sind, benutzen den Geber M 63 M als Windmesser.

Als Ausgang des Gebers M 63 M dienen zwei Impulsfolgen. Jede der beiden Frequenzen ist der Windgeschwindigkeit proportional; die Phasenverschiebung zwischen ihnen ist der Windrichtung proportional, d. h., die laufenden (momentanen) Windparameter werden in Polarkoordinaten dargestellt.

Als Meßfühler können auch zwei Ultraschallgeber benutzt werden, deren Ultraschallausbreitungsachsen senkrecht zueinander stehen. In diesem Fall können die Rechteckkomponenten des Windvektors erhalten werden. Die akustischen Anemometer werden aber wegen der ihnen anhaftenden Mängel hauptsächlich nur in Forschungsapparaturen eingesetzt [2]. Die größte Schwierigkeit ist der hohe Preis der akustischen Geber [3].

Die Messung des Windes als Vektorgröße ist mit bestimmten Schwierigkeiten und bedeutenden Ausgaben verbunden. Ganz klar wird dadurch das Bestreben der Entwickler, die Bearbeitung von Vektorgrößen durch getrennte Windgeschwindigkeits- und Windrichtungsmessung als unabhängige skalare Größen zu ersetzen. Bei synchroner Messung der momentanen Windgeschwindigkeits- und Windrichtungswerte hat die getrennte Messung dieser Parameter keinen methodischen Fehler zur Folge. Aber die meisten Meßverfahren der mittleren Windgeschwindigkeit und -richtung beruhen auch auf dem Prinzip einer getrennten Mittelung des Moduls und des Arguments des Windvektors. Sowohl vom physikalischen als auch vom mathematischen Standpunkt aus kann eine solche getrennte Mittelung zu bedeutenden Fehlern beim Messen des mittleren Vektors der Windgeschwindigkeit führen.

Die Vorrichtungen, die den Modul des Windvektors als einen unabhängigen Skalarwert messen, überschreiten die mittlere Vektorgeschwindigkeit der Luftströmung. Der relative Fehler der Überschreitung der mittleren Geschwindigkeit erreicht 15% [1].

Die Messung der mittleren Windrichtung ist mit größeren Schwierigkeiten verbunden als die der Windgeschwindigkeit. Das ist darauf zurückzuführen, daß die Windrichtung eine periodische Funktion ist und diese beim Übergang zum Ablesungsbeginn (Punkt $0° = 360°$) einer Unstetigkeit (Kontinuitätsunstetigkeit) unterliegt. In den meisten AMS, die vom ZKB GMP entwickelt worden sind, verwendet man die Vorrichtungen zur Messung der momentanen und mittleren Windrichtung [4, 5, 6], die fehlerlos nur bei geringen Schwankungen von Windrichtung und -geschwindigkeit während der Meßzeit funktionieren.

Richtig ist es, den mittleren Windvektor mittels geometrischen Addierens (Vektoraddition) der momentanen Vektoren zu finden. Diese Operation kann durch ein algebraisches Addieren der orthogonalen Komponenten derselben Vektoren mit einem nachfolgenden Dividieren durch die Zahl der Messungen ersetzt werden. Teilweise wurde diese Aufgabe für die Station AAMS-1 gelöst, wo die zur Start- und Landebahn senkrechte Windkomponente gemessen wird [7]. Die Messung erfolgt auf folgende Weise: Es wird die momentane Windrichtung gemessen und der dem Sinus des Winkels zwischen Windrichtung und Start- und Landebahnachse proportionale Zeitabschnitt gebildet, der mit Impulsen, deren Häufigkeit der Windgeschwindigkeit proportional ist, ausgefüllt wird. Der methodische Fehler dieser Vorrichtung besteht darin, daß die Windrichtung und -geschwindigkeit zu verschiedenen Zeitpunkten gemessen werden. Auf Grund der Entwicklungen der AMS [4, 5, 6, 7] und der theoretischen Forschungen [1, 2] können folgende Anforderungen an die Vorrichtungen zur Messung von Windparametern formuliert werden:

— die Mittelung des Windvektors soll in rechtwinkligen Koordinaten durchgeführt werden,
— die momentane Windrichtung soll in möglichst geringen Zeitabständen gemessen werden.

Besonders akut wurde das Problem der genauen Messung von Windparametern bei der Entwicklung der Automatischen Station zur Kontrolle der Luftverunreinigung (ASKZA), die ein unteres Kettenglied eines experimentellen automatisierten Systems zur Umweltbeobachtung und -kontrolle ist (ANKOS-A). Die Unterbringung der unteren Glieder (ASKZA) dieses Systems im Weichbild einer Stadt, wo für den Wind eine große Veränderung seiner Parameter typisch ist, verlangt eine Anwendung von Verfahren und Vorrichtungen, durch die die Windparameter mit großer Genauigkeit gemessen werden können. In der ASKZA wird die Verarbeitung von Windparametern in rechtwinkligen Koordinaten durch gleitende Mittelung mit dem Mittelungszeitabschnitt von 20 Minuten verwendet.

Der Sinn dieses Verfahrens besteht darin, daß zu jedem k-ten Zeitintervall einer der Impulsreihen ($k = 1, 2, 3 \ldots$) die momentane Windrichtung gemessen wird und die dem Sinus und dem Kosinus der momentanen Richtung proportionalen gemittelten Werte erzeugt werden. Da die Zahl der Impulsfolgen der Windgeschwindigkeit proportional (V/k Messungen der Windrichtung pro Sekunde) ist, werden in den Vorrichtungen die den orthogonalen Windvektorkomponenten proportionalen Werte berechnet, aus denen sich die mittlere Windgeschwindigkeit und -richtung ergibt.

Theoretische Begründung des Verfahrens

Der Geber M 63 M erzeugt am Ausgang zwei Impulsreihen; die Häufigkeit in jeder der beiden Reihen ist der Windgeschwindigkeit proportional; die Phasenverschiebung zwischen beiden ist der Windrichtung proportional. Für jeden k-ten Zeitabschnitt (k ist eine ganze Zahl) einer der beiden Reihen wird die Phasenverschiebung (die momentane Windrichtung) gemessen. Danach findet man den während der Mittelung berechneten Sinus und den Kosinus der augenblicklichen Windrichtung. Nehmen wir k gleich 1, so heißt das, die Ermittlung der Sinus- und Kosinusverschiebung erfolgt für jeden Zeitabschnitt einer der Impulsreihen des Gebers.

Wir bezeichnen die Phasenverschiebung als α_i, die für den i-ten Zeitabschnitt einer der Impulsfolgen vom Beginn der Mittelung bestimmt wurde, und nehmen als n die Zahl der Zeitintervalle der Impulsreihen für die Mittelungszeit T_0. Als T_i wird die Dauer des i-ten Zeitabschnittes der Impulsfolge dargestellt. Da die Geschwindigkeit des Windmessers, d. h. dessen Rotationsgeschwindigkeit, der Strömungsgeschwindigkeit proportional ist, ist die Frequenz der vom Geber einlaufenden Impulsfolgen der Windgeschwindigkeit proportional und wird durch die Formel

$$F = c \cdot V$$

bestimmt, wobei F die Frequenz einer der Folgen, V die Windgeschwindigkeit und c ein Proportionalitätskoeffizient sind.

Es kann folgendes geschrieben werden:

$$T_i = \frac{1}{F_i} = \frac{1}{cV_i}.$$

Der Mittelwert für den Vektor der Geschwindigkeit $V_{\text{mittl.}}$ ist:

$$V_{\text{mittl.}} = \frac{S}{T_0},$$

wobei

S — Vektor des vom beweglichen Körper (der Strömung) zurückgelegte Weg,

und

T_0 — die für diesen Weg aufgewendete Zeit (Mittelungszeit)

sind.

$$\boldsymbol{S} = \boldsymbol{S}_1 + \boldsymbol{S}_2 + \ldots \boldsymbol{S}_n = \sum_{i=1}^{n} \boldsymbol{S}_i,$$

wobei

$\boldsymbol{S}_i$ — der i-te Vektor des Weges ist, den die Strömung für die Zeit T_i zurückgelegt hat.

Der Vektor $\boldsymbol{S}$ wird durch zwei Projektionen S_x und S_y gekennzeichnet:

$$S_x = \sum_{i=1}^{n} S_i \cdot \cos \alpha_i,$$

$$S_y = \sum_{i=1}^{n} S_i \cdot \sin \alpha_i,$$

folglich ist

$$V_x = \frac{S_x}{T_0} = \frac{\sum_{i=1}^{n} S_i \cdot \cos \alpha_i}{T_0}; \quad V_y = \frac{S_y}{T_0} = \frac{\sum_{i=1}^{n} S_i \cdot \sin \alpha_i}{T_0}.$$

Unter Berücksichtigung, daß

$$S_i = V_i \cdot T_i = \frac{1}{c}$$

ist, kann folgendes geschrieben werden:

$$V_x = \frac{\sum\limits^{n} \cos \alpha_i}{cT_0}; \quad V_y = \frac{\sum\limits^{n} \sin \alpha_i}{cT_0}.$$

Da $c = \text{const}$ und $T_0 = \text{const}$ sind (die Mittelungszeit wird vorgegeben), folgt aus den letzten Formeln, daß bei der Erfüllung der Operationen laut dem beschriebenen Verfahren wirklich die Größen erhalten werden, die den orthogonalen Windvektorkomponenten proportional sind. Auf Grund dieser Komponenten sind die mittlere Windgeschwindigkeit und -richtung mittels umgekehrter Umwandlung zu finden.

Das beschriebene Verfahren zur Messung von Windparametern beseitigt alle methodischen Fehler, die dem Verfahren zur Messung und Mittelung von Windrichtung und -geschwindigkeit als unabhängigen Skalarwerten eigen sind.

Es wird auch die Schwierigkeit der Mittelung von Windrichtung wegen der Unstetigkeit der Funktion im Punkt $0° = 360°$ beseitigt.

Jedoch kann das beschriebene Verfahren nur unter der Bedingung realisiert werden, daß die Messung der Phasenverschiebung (die der Windrichtung proportional ist) im Laufe einer Zeitperiode erfolgt und daß der Zeitabschnitt zwischen diesen Messungen einige Perioden nicht überschreitet.

Die vorhandenen Verfahren zur Messung von Phasenverschiebung, die eine hohe Schnelligkeit sichern (z. B. ist die Meßzeit den zwei Perioden der zu messenden Schwingungen gleich), führen zu nachträglichen Fehlern im Ergebnis der Messung, die durch Zwischenumwandlungen bedingt sind (z. B. bei der Anwendung eines Stoßerregungsgenerators, der von der Ausgangsspannung eines Analogdigitalumwandlers gesteuert wird). Deshalb wurde ein Verfahren zur Messung von Phasenverschiebung (Windrichtung) erarbeitet, das diese Mängel beseitigt.

Theoretische Grundlage der Messung der Windrichtung

Die Messung erfolgt in zwei Etappen. Bei der ersten Etappe wird der Zeitabschnitt gebildet, der der Periode der zu untersuchenden Schwingungen gleich ist:

$$T_1 = T_x.$$

Im Laufe der Messung von T_x ändert sich diskret die Frequenz mit jeder Zunahme des augenblicklichen Wertes der zu messenden Schwingungen T_x um K Male, wobei K ein ausgewähltes Verhältnis ist. Die Ausgangsfrequenz des frequenzgesteuerten Generators beträgt:

$$F_0 = \frac{360°}{n} \cdot V_{x\,\max},$$

wobei

n — vorgegebene Auflösung (Genauigkeit) der Messung der Phasenverschiebung,

und

$V_{x\,\max}$ — maximale Windgeschwindigkeit

sind.

Nach der ersten Etappe bekommt man am Ausgang des frequenzgesteuerten Generators die Frequenz

$$F_{\text{ber.}} = \frac{F_0}{K^m},$$

wo

$$m = \text{Ent}\left(\log_K \frac{T_x}{T_{x\,\min}}\right) = \text{Ent}\left(\log_K \frac{V_{x\,\max}}{V_x}\right),$$

Ent — ein ganzer Teil des Klammerausdruckes sind.

Als N_t bezeichnen wir den Rest vom Dividieren der Periode der zu untersuchenden Schwingungen durch die Zahl, die in bezug auf die Minimalperiode der zu untersuchenden Schwingungen ein Vielfaches ist, d. h.

$$N_t = F_{\text{ber.}}(T_x - T_{x\min} \cdot K^m).$$

Bei der zweiten Etappe wird der Zeitabschnitt gebildet, der der zu messenden Windrichtung $\varphi°$ direkt und der Windgeschwindigkeit indirekt proportional ist.

$$T_2 = \tau = \frac{\varphi°}{360°} \cdot T_x.$$

Der Zeitabschnitt wird mit Impulsen ausgefüllt, und gleichzeitig subtrahiert man von den Impulsen, die das Zeitintervall füllen, die Zahl der in der Periode der zu messenden Schwingungen gleichmäßig verteilten Impulse, die dem Wert N_T proportional ist. Im Ergebnis bekommt man die Anzahl von Impulsen:

$$\begin{aligned}
N_\varphi &= \tau \cdot F_{\text{ber.}} - \tau \cdot \frac{N_T}{N} \\
&= \tau \cdot F_{\text{ber.}} - \frac{\tau}{T_x} \cdot F_{\text{ber.}}(T_x - T_{x\,\min} \cdot K^m) \\
&= \tau \cdot F_{\text{ber.}}\left(1 - \frac{T_x - T_{x\,\min} \cdot K^m}{T_x}\right) \\
&= \tau \cdot F_{\text{ber.}} \cdot \frac{T_{x\,\min} \cdot K^m}{T_x} = \frac{\varphi°}{360°} \cdot T_x \cdot \frac{F_0}{K^m} \cdot \frac{T_{x\,\min} \cdot K^m}{T_x} \\
&= \frac{\varphi°}{360°} \cdot \frac{360°}{n} \cdot V_{x\,\max} \cdot T_{x\,\min} = \frac{\varphi°}{n}.
\end{aligned}$$

Mit anderen Worten ist die den Zeitabschnitt ausfüllende Differenzfrequenz $F_{\text{Ausg.}}$ der Frequenz der zu untersuchenden Schwingungen proportional, und dieses Verhältnis V_x und $F_{Ausg.}$ gilt für jede Windgeschwindigkeit.

$$F_{Ausg.} = F_{ber.} - \frac{N_T}{N} = F_{ber.} - \frac{F_{ber.}}{T_x}(T_x - T_{x\,min} \cdot K^m)$$

$$= F_{ber.}\left(1 - \frac{T_x - T_{x\,min} \cdot K^m}{T_x}\right)$$

$$= F_{ber.} \cdot \frac{T_{x\,min} \cdot K^m}{T_x} = \frac{F_0}{K^m} \cdot \frac{T_{x\,min} \cdot K^m}{T_x}$$

$$= \frac{360°}{n} \cdot V_{x\,max} \cdot T_{x\,min} \cdot \frac{1}{T_x} = \frac{360°}{n} \cdot V_x .$$

Die Genauigkeit der Messung der Windrichtung hängt nur vom Verhältnis der Windgeschwindigkeit und Füllungsfrequenz ab. Für jede Windgeschwindigkeit wird eine andere Frequenz der Impulsfüllung gewählt. Die Frequenz soll einerseits hoch genug sein, damit der Fehler bei der Messung der Windrichtung klein sein kann. Andererseits soll die Frequenz niedrig genug sein, damit der Zähler bei der Messung nicht überfüllt wird. Auf solche Weise sind die Häufigkeit von Impulsfüllung und die Meßzeit optimal, und die Genauigkeit der Messung der momentanen Windrichtung wird erhöht, da der der Windrichtung proportionale Ausgangscode im Laufe eines der Windgeschwindigkeit indirekt proportionalen Zeitintervalls erzeugt wird.

Das Funktionalschema der gemäß den beschriebenen Verfahren entwickelten Einrichtung wird in Abb. 1 dargestellt.

Das Arbeitsprinzip der Einrichtung

Der Beginn der Arbeit fällt mit dem Beginn des Mittelungsintervalls zusammen.

Vom Ausgang des Windmessers laufen zum Phasenmeter nach einer Meßperiode zwei Impulsfolgen ein: eine Haupt- und eine Stützfolge. Vom Phasenmeterausgang läuft zum Eingang der Sinus- und Kosinusfunktionalumwandler der für jede Periode der Hauptfolge messende Code der Phasenverschiebung zwischen den Impulsfolgen ein. Vom Ausgang der Umwandler laufen zum Eingang des Divisors die Zahlen- und Impulscodes der Sinusse und Kosinusse der Phasenverschiebungen ein, die für jede Periode der Hauptimpulsfolge vom Windmesser gemessen werden.

Der Ausgang des Divisors ist mit dem Recheneingang der Zähler der Ergebnisse verbunden.

So wird in den Zählern am Ende des Mittelungsintervalls T_0 der Code der dem Wert der gemittelten Windvektorkomponenten entsprechenden Zahl fixiert. Diese Zahlen können zur Anzeige oder auf die anderen Vorrichtungen zwecks weiterer Verarbeitung gebracht werden.

Literatur

[1] PROTOPOTOV, I. G., Proektirovanie vetroizmeritel'nych priborov. Gidrometeoizdat, Leningrad 1976.

[2] AFINOGENOV, L. P., GRUSIN, S. I., ROMANOV, E. V., Apparatura dlja issledovanij prizemnogo sloja atmosfery. Gidrometeoizdat, Leningrad 1977.

[3] TAYLER, F. I., MOHAN, P., JOSEPH, P., PRIES, T. H., An all digital automated wind measurement system. IEEE Trans. Instrum. Measurem. 1977, IM-26, N 2, Ekspressinformacija, Ser. IP u. S 1978, Nr. 1, Ref. 1.

[4] CHMEL'NICKIJ, G. M., JAKUBOVIČ, D. I., ROMANOV, JU. K., SMOL'KOV, S. S., MIRONOV, V. F., Sposob izmerenija azimuta vetra. Avt. svidetel'stvo, Nr. 446832-BI, 1974, Nr. 38.

[5] BOGAČEV, A. D., KUZ'MINYCH, I. P., Ustrojstvo dlja izmerenija srednego napravlenija vetra, Avt. svid. Nr. 363923-BI, 1973, Nr. 4.

[6] KUZ'MINYCH, I. P., LANIN, JU. F., Ustrojstvo dlja izmerenija srednego napravlenija vetra. Avt. svid. Nr. 421932-BI, 1974, Nr. 12.

[7] ROŠČIN, A. G., Ustrojstvo dlja izmerenija poperečnoj sostavljajuščej skorosti vetra. Avt. svid. Nr. 519670-BI, 1976, Nr. 24.

[8] GREJZ, E. B., TIMOFEEV, V. I., Sposob izmerenija srednich napravlenija i skorosti vetra. Avt. svid. Nr. 593150-BI, 1978, Nr. 6.

[9] TIMOFEEV, V. I., GREJZ, E. B., MECHOVIČ, A. I., Sposob izmerenija sdviga faz. Avt. svid. Nr. 581443-BI, 1977, Nr. 43.

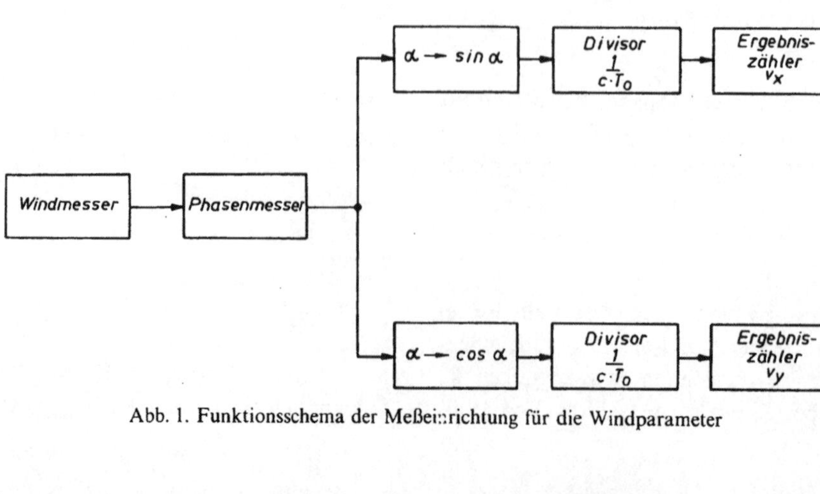

Abb. 1. Funktionsschema der Meßeinrichtung für die Windparameter

Anforderungen an die automatisierte Meßwerterfassung meteorologischer Parameter für die Belange der Agrarmeteorologie zur Bestimmung der Evapotranspiration

von G. Brömme, U. Wendling

0. Einleitung

Exakte Tageswerte der aktuellen Evapotranspiration bilden die Grundlage für Arbeiten zur aktiven Beeinflussung der Verdunstung von Pflanzenbeständen durch ackerbauliche und meliorative Maßnahmen, zum Studium der Ertragsbildung von Kulturpflanzen in Abhängigkeit von ihrem Wasserbedarf, zur Beurteilung der Befahrbarkeit der Böden nach Niederschlägen, für Verfahren zur Ermittlung der Verdunstung aus meteorologischen Standardmessungen und für Modelle zur Wasserbewirtschaftung.

Meßreihen der aktuellen Evapotranspiration von bewachsenen Flächen liegen wegen der meßtechnischen Schwierigkeiten kaum vor. So ist die Praxis auf Schätzungen angewiesen, deren Genauigkeit heute bei weitem nicht ausreicht.

Berücksichtigt man, daß bis zum Jahre 1990 im Prozeß des schrittweisen Übergangs zur industriemäßigen Produktion in der Landwirtschaft der DDR die beregnete Fläche auf 900000 ha gesteigert werden soll, so sind die Wasservorräte und die Beregnungstechnik mit höchster Effektivität einzusetzen. Das erfordert genauere Kenntnisse des Wasserverbrauchs und des Wasseranspruchs der Kulturpflanzen, als wir sie derzeit besitzen.

Ebenso fehlen bei der Wasserbewirtschaftung gegenwärtig noch genaue Kenntnisse der Gebietsverdunstung bewachsener Flächen.

Nach dem heutigen Stand der Kenntnisse und der meßtechnischen Möglichkeiten lassen sich die verläßlichsten Aussagen über die aktuelle Verdunstung einer homogenen Fläche auf der Grundlage des Wärmehaushalts machen.

Den Empfehlungen der WMO und den Bedürfnissen der Volkswirtschaft der DDR nach Verdunstungswerten bewachsener Böden Rechnung tragend, sollten im MD etwa fünf Meteorologische Stationen ausgewählt werden, die in den Monaten April bis Oktober zusätzlich Werte der realen Verdunstung durch Messung von Lufttemperaturgradienten, Feuchtegradienten, Strahlungsbilanz und Bodenwärmestrom liefern. Dazu lassen sich die Vorstellungen des Forschungsinstitutes für Agrarmeteorologie wie folgt präzisieren:

1. Arbeitsstufen der Meßwerterfassung

Die Meßwerterfassung als Bindeglied zwischen Datenquelle und Datenverarbeitung beinhaltet folgende Arbeitsstufen:
- Ermittlung der erwähnten Parameter aus dem Prozeß,
- Übertragung der Daten in visuell und maschinell lesbare Form,
- Datenübermittlung zur EDVA [1].

Jede einzelne Arbeitsstufe verlangt eine hohe Zuverlässigkeit der Information. Dies führt zwangsläufig dazu, daß der Mensch weitestgehend aus dem Meßprozeß heraustritt, somit die automatisierte Datenerfassung unter Ausschaltung störanfälliger Peripherien (z. B. der Meßwertlocher) weithin Anwendung findet.

2. Ermittlung der Meßwerte aus dem datenverursachenden Prozeß

Zur Bestimmung der realen Verdunstung bewachsener Flächen sind die folgenden meteorologischen Größen ausreichend:
- Strahlungsbilanz,
- Bodenwärmestrom,
- Differenzen von Lufttemperatur und Feuchtetemperatur zwischen zwei Höhen,
- Feuchtetemperatur in einer der Höhen.

Die Strahlungsbilanz, der Bodenwärmestrom und die Temperaturdifferenzen sind mit hoher Genauigkeit zu erfassen und über 10 min zu integrieren.

In Anlehnung an die von McIlroy [2] entwickelte Methode der Messungen der Differenzen der feuchten und trockenen Temperatur durch Vertauschen der Meßhöhen zwecks Ausschaltung systematischer und zufälliger Fehler werden die Temperaturgeber konstruktiv so angeordnet, daß ein Vertauschen der Höhen nach dem Wippenprinzip nach Ablauf von 10 min möglich ist. Das Schwenken von der einen Geberlage in die andere wird automatisch vorgenommen.

Als Sensoren werden eingesetzt:
- Strahlungsbilanzgeber nach Sonntag [3]
- Bodenwärmestromplatten nach Mierdel (Eigenbau [4]
- Temperaturgeber auf der Basis der Widerstandsmessung mittels Pt 100.

3. Übertragung der Daten in visuell und maschinell lesbare Form

Die integrierten Meßwerte der Wärmehaushaltskomponenten über 10 min sind so abzuspeichern und zu verrechnen, daß stündlich auf einem Drucker als Klartextinformation ausgegeben werden und zur Weiterverarbeitung auf Magnetbandkassetten zu speichern sind:
- die Mittelwerte der Wärmehaushaltsgrößen,
- die Evapotranspiration.

Die abzuspeichernden Informationen umfassen 40 Byte/10 min bzw. 240 Byte/Std.

Die Zeitabhängigkeit der Datenerfassung umfaßt eine solche Größenordnung, die es gestattet, daß die Tagessumme der Verdunstung am Folgetag — also nach 24 Stunden — zur Verfügung steht. Aus der geforderten Zeitabhängigkeit der Datenerfassung resultiert, daß relativ aufwendige Betriebsarten, wie es die direkte automatisierte Datenerfassung darstellt, für diese Belange gegenwärtig als nicht notwendig erscheinen.

Zweckmäßig und ökonomisch vertretbar sind die Betriebsarten Off-line-Datenerfassung und die erweiterte Off-line-Datenerfassung (on-off-line-Datenerfassung) gegenüber der direkten automatisierten Datenerfassung vorzuziehen [5].

Die On-off-line-Datenerfassung bietet den Vorteil, über einen dezentralen Rechner eine Datenverdichtung vorzusehen, was sich wiederum günstig bei der Datenfernübertragung zum zentralen Rechner auszahlt [6].

Als dezentraler Rechner könnte ein Mikrorechner z. B. vom Typ K 1510 eingesetzt werden. Dieser Mikrorechner errechnet aus den integrierten Wärmehaushaltskomponenten die stündliche Verdunstung und gibt die Information an den angeschlossenen Drucker weiter.

Der Anschluß eines Magnetbandaufzeichnungsgerätes [7] sichert die Aufzeichnung der gespeicherten und verrechneten Werte auf Magnetbandkassetten.

4. Datenübermittlung zur Elektronischen Datenverarbeitungsanlage

Aus ökonomischen Erwägungen sollten zur Datenübertragung dieselben Informationskanäle und die Übertragungstechnik wie für die Automatischen Meteorologischen Stationen benutzt werden.

5. Einige Bemerkungen zur Hard- und Software

Um dieser Forderung der Agrarmeteorologie nachzukommen, wäre eine teilweise Universalität der betreffenden Automatischen Meteorologischen Stationen anzustreben.

Eine Realisierung könnte darin gesehen werden, daß zwei Typen Automatischer Meteorologischer Stationen zu erstellen sind, ein Stationstyp für das Standardprogramm mit festprogrammierbarem Speicher und ein zweiter Typ für Ergänzungsprogramme mit freiprogrammierbarem Speicher.

Eine derartig günstige Konfiguration führt nur über einen modularen Aufbau der Systeme. Der Einbau eines freiprogrammierbaren Mikrorechners in einige Automatische Meteorologische Stationen (2. Typ) und die damit verbundene Entwicklung problemorientierter Systemunterlagen würde künftig einmal die Erfassung der erwähnten Wärmehaushaltskomponenten und die daraus resultierende Errechnung der Evapotranspiration an verschiedenen, ausgewählten Standorten ermöglichen, aber auch darüber hinaus manches meßtechnische Problem der Forschung lösen helfen.

Literatur

[1] Rechenzentren bei Einsatz von EDVA der 3. Generation. Hrsg. vom Institut für Energetik Leipzig, Bearb. von J. Steiner. Leipzig: Institut für Energetik 1975.

[2] McIlroy, I. C., A systematic review of practical evaporation determination in the field. Vortragsmanuskript, Konferenz ICID, Budapest 1977.

[3] Sonntag, D., Pyranographen bzw. Effektivpyranographen mit galvanisch erzeugter Thermosäule und ihre Erprobung in Berlin, Potsdam, Stockholm, Leningrad und Bergen. Abh. Meteor. Dienst der DDR **15** (1975) 115, 80 S.

[4] Mierdel, P., Ein Bodenwärmestrommesser für Wärmehaushaltsuntersuchungen bewachsener Oberflächen, Z. Meteor. **23** (1972) 1/2, S. 23—26.

[5] Datenerfassung. Hrsg. vom Institut für Energetik Leipzig, Bearb. von J. Steiner. Leipzig: Institut für Energetik 1976.

[6] Technik der Mikrorechner. radio, fernsehen, elektronik **27** (1978) 10.

[7] daro C 8260. Technische Informationen, hrsg. von VEB Robotron-Elektronik Zella-Mehlis, 1975.

„METEODAT"-Datenerfassungssystem für meteorologische Türme und Umweltschutzforschung

von L. Bereczky, M. Mezösi (UVR)

Allgemeine Beschreibung

Die Aufgabe des Datenerfassungssystems ist es, die für die meteorologischen Untersuchungen nötigen Meßwerte digital zu registrieren und gleichzeitig für die maschinelle Datenverarbeitung auf Lochstreifen zu speichern. Die wichtigsten Einheiten des Systems: (Abb. 1)

Uhr/Kalender, Zentraleinheit, Meßstellenumschalter, A/D-Wandler mit der Meßbrücke, Integrator, Speicher, Fernsteuerung, Netzteil.

Die als analoge Spannung meßbaren Elemente (z. B. die Temperatur) werden durch das Gerät als Momentanwerte registriert, während die der Impulszahl proportionalen Meßwerte (z. B. Windgeschwindigkeit mit Kontaktanemometern, integrierte Strahlung) in dem Speicher (= in den digitalen Kanälen) gespeichert und bei der Registrierung ausgelesen werden. Die Zahl der Kanäle (= Meßstellen) kann bis 48 erhöht werden.

Die Registrierung kann im automatischen oder manuellen Betrieb durchgeführt werden; bei dem „AUTO"-Betrieb kann in jeder 60., 30. oder 15. Minute ein Meßzyklus gestartet werden mit einer Aspiration der Thermometer vor jedem Zyklus.

Das ganze System besteht aus zwei kompletten Datenerfassungsgeräten: der sogenannten „Haupt"- und der „Satellit"-Station; die letztere ist in einer Entfernung von etwa 1 km von der Hauptstation aufgestellt. Die Satellit-Station verfügt über keine Kalenderstufe, andererseits ist sie ganz identisch mit dem Hauptgerät. Im AUTO-Betrieb wird der Meßzyklus der Satellit-Station durch das Hauptgerät gestartet, und die Angaben beider Stationen werden durch den gleichen Fernschreiber, zeitlich verschoben, hintereinander registriert. Die zwei Stationen sind mit einem vieradrigen, unterirdischen Kabel für die Vermittlung der Startsignale sowie der Fernschreiberzeichen (= Meßwerte) zusammengeschaltet. Das Kabel ist mit Optokopplern mit den beiden Geräten verbunden.

Die Anlagen können bei einem Netzausfall von einigen Stunden durch Batterie als Notstromquelle gespeist werden. Die Umschaltung von Netz auf Batterie und zurück wird automatisch und ohne Einschwingungen durchgeführt. Die Batterien stehen

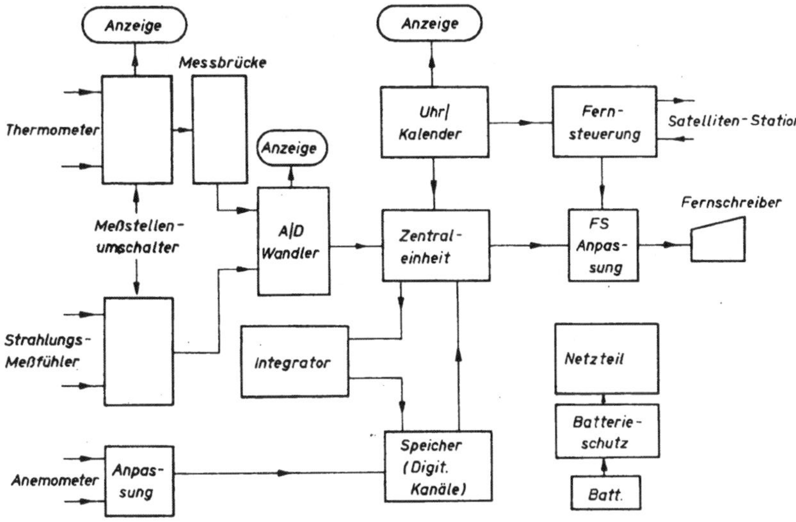

Abb. 1. Blockschema der Datenfassungsanlage (Hauptstation)

durch ein automatisches Ladegerät immer bereit, und sie sind gleichzeitig gegen Dauerentladung und Überladung geschützt.

Die Baugruppen-Auswahl

Die Anlagen wurden mit Elektronik der 3. Generation aufgebaut: die IC-s sind aus dem RGW-Sortiment gewählt. Es gibt nur eine Ausnahme, der A/D-Wandler (Typ: Analog Device, AD 2010), wofür eine genügende Reserve zur Verfügung steht.

Die einzelnen Stufen

Der Betrieb der Anlage wird durch die digitale Uhr/Kalenderstufe gesteuert, welche fortsetzend die Werte des Datums und der Uhrzeit anzeigt.

Die Pt-Thermometer werden in einer Meßbrücke von hoher Genauigkeit mit einem Digital-Voltmeter gemessen. Die Störunterdrückung wurde durch Schutzschirmung (Guard) und optoelektronische Koppler gesichert. In dem vieradrigen Meßsystem werden die einzelnen Meßstellen mit Reed-Relais umgeschaltet. Das Meßprotokoll der Thermometer wird unmittelbar in physikalischen Einheiten, mit Vorzeichen und einer Auflösung von 0,1 Grad ausgeschrieben.

Die Meßfühler der zeitlich schnell veränderlichen Elemente (z. B. die Strahlungsmesser: 10 Stück auf der Haupt- und 5 auf der Satellit-Station) werden durch das System integriert und die einzelnen Meßwerte je nach Kanal in dem Speicher gespeichert. Die Abfragefrequenz der Strahlungsmesser ist 1/min.

Die Arbeitsweise des Integrators: Der A/D-Wandler mißt in der Reihenfolge die Meßfühler, dann werden die in Impulszahl umgewandelten Meßwerte je nach Kanal im Summationsregister gespeichert. Die gewonnenen Summen werden durch die Abtastzeit geteilt (d. h. durch 60, bei stündlichen Registrierungen) und der genaue Mittelwert wird ohne Vorzeichen auf drei Stellen mit 0,1 mV Auflösung ausgeschrieben. Strahlungsdaten mit negativem Vorzeichen werden durch den Integrator nicht verarbeitet.

Die von den Kontaktanemometern gewonnenen Impulse werden auch in dem Summationsregister gespeichert. Diese Register enthalten alle Meßwerte in technischen Einheiten (= Impulszahl); die Umwandlung in die physikalischen Einheiten wird durch den datenverarbeitenden Rechner durchgeführt.

Die Aufgabe der Zentraleinheit ist die Parallel-/Serien-Wandlung, die Steuerung der Meßstellen-Umschalter sowie das Ausschreiben der Kopfleiste und der Meßwerte, ferner die Erzeugung der Fernschreiberzeichen.

Die Fernsteuerungsstufe gibt den Startbefehl für die Satellit-Station, dann empfängt sie die Meßwerte im Fernschreibercode.

Betriebserfahrungen

Das Datenerfassungssystem wurde im Mai 1977 in einem Waldobservatorium aufgestellt. Seit der Inbetriebnahme arbeiten beide Stationen kontinuierlich, praktisch ohne Unterbrechung, mit stündlichem Meßzyklus. Während dieses ganzen Jahres ist keine „katastrophale“ Betriebsstörung (= totaler Stillstand) vorgekommen.

Der Blitzschutz hat sich auch gut bewährt. Mehrere intensive Gewitter verursachten keinerlei Beschädigungen in dem elektronischen Teil. Kleinere, nur einige Stufen berührende Fehler wurden während des Betriebes beseitigt. Es gab nur einen monatlich mehrmals vorgekommenen Fehler, der während des Ausschreibens der Daten auf 3—4 Meßstellen durch unidentifizierte Störimpulse unregelmäßige Registrierungsfehler verursachte.

Die Anwender ebenso wie die Konstrukteure sind mit der Betriebssicherung und mit dem Verhalten des METEODAT-Datenerfassungssystems zufrieden.

Automatische Station zur Kontrolle von Luftverunreinigungen (ASKZA)

von V. N. Čub, A. I. Mechovič, A. G. Roščin, V. I. Timofeev, E. B. Grejz (UdSSR)

Die Entwicklung von Industrie und Verkehrswesen bringt Veränderungen im Zustand der Atmosphäre sowohl der Luft als auch in bezug auf die Zusammensetzung, d. h. das Auftreten neuer Stoffe als Komponenten der Luft, mit sich. Im Ergebnis der industriellen und sonstigen Tätigkeit des Menschen treten in der Atmosphäre Aerosolteilchen (Staub, Nebel, Rauch usw.), gasähnliche Stoffe und Dämpfe, wie Kohlenoxide, Schwefelgas, Stickstoffoxide, Schwefelwasserstoff, Säuren, organische Stoffe, Blei-, Eisen-, Fluorverbindungen u. a., Reaktionsstoffe und Pestizide auf.

Nach heutigen Angaben stellt die Luftverunreinigung ein ernstes wirtschaftliches Problem sowie eine Gefahr für das Leben der Menschen dar.

Auf der vierten Session des Obersten Sowjets der achten Einberufung wurde der Beschluß „Über die Maßnahmen zur weiteren Verbesserung des Umweltschutzes sowie zur rationellen Ausnutzung von Naturschätzen" gefaßt. Im Beschluß wird betont, daß die Leistungen der wissenschaftlich-technischen Revolution sowie die geschaffene mächtige industrielle Basis die Möglichkeit zur Lösung dieser wichtigen Aufgabe bieten und alle Voraussetzungen schaffen, die Umwelt vor Verunreinigung zu schützen.

In unserem Land wird eine ständige Kontrolle des Zustandes der Atmosphäre in Städten und Industriezentren durchgeführt. Aber die heute anwendbaren Verfahren der Luftverunreinigungskontrolle beruhen auf manuellen und halbautomatischen Mitteln zur Erfassung, Bearbeitung und Übermittlung von Informationen über die wichtigsten Parameter der Atmosphäre. Dieser Umstand vermindert die Zuverlässigkeit sowie den operativen Charakter der einlaufenden Informationen.

Die Entwicklung und Einführung eines automatisierten Systems zur Luftverunreinigungskontrolle in Industriezentren wird es ermöglichen, Verunreinigungsquellen operativ zu entdecken, deren schädliche Einflüsse zu beseitigen, die durch Verunreinigung entstehenden Verluste zu vermindern und die Umwelt vor zerstörenden Faktoren zu schützen.

Ziel und Verwendungsgebiet der ASKZA

Die Entwicklung der ASKZA verfolgt das Ziel, ein unteres Kettenglied im Komplex technischer Mittel eines Experimentalsystems zur Kontrolle von Umweltverunreinigung in Moskau (System ANKOS-A) zu schaffen.

Die ASKZA soll als

- ein unteres Glied im System ANKOS-A zwecks automatischer Erfassung von Informationen über die Konzentration schädlicher Beimengungen in der Atmosphäre und über die meteorologischen Kenngrößen sowie zwecks Verarbeitung, Speicherung und Übermittlung der verarbeiteten Informationen durch die Verbindungskanäle;
- eine autonome Anlage, die eine Messung, Verarbeitung und Registrierung von Informationen über den Gehalt von Verunreinigungsbeimengungen in der Atmosphäre ermöglicht,

verwendet werden.

Die wichtigsten Funktionalvorrichtungen der ASKZA und deren Charakteristika

Für die automatische Station (ASKZA) wurden folgende Teile entwickelt (Abb. 1):

- die Bauhülle, d. h. der Pavillon zur Unterbringung von Apparaturen der Station;
- die primären Umformer (Geber) der Konzentration von Verunreinigungsbeimengungen in der Atmosphäre und der meteorologischen Kenngrößen;
- die automatischen Geräte der Station;
- die Registriergeräte und Apparaturen zur Datenübermittlung durch Fernsprechverbindungskanäle.

Der Pavillon zur Unterbringung der Apparaturen wird von einer spezialisierten Institution unter Berücksichtigung der Architektur kleiner Gebäude und der methodischen Anforderungen an die Unter-

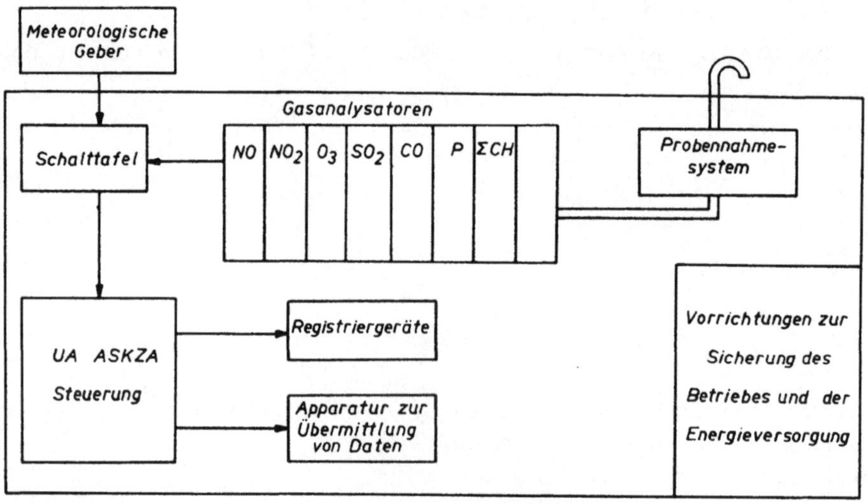

Abb. 1. Bestandteile der Station

bringung von meteorologischen Gebern, Gasanalysatoren, Apparaturen der Station sowie der Versorgungseinrichtungen entwickelt.

Unter dem Begriff Versorgungseinrichtungen ist folgendes zu verstehen:

— Ventilationsvorrichtung mit notwendiger Austauschzahl;
— Konditionierungsvorrichtung (Heizung und Kühlung);
— künstliches Licht;
— Feuerverhütung und Signalisierung.

Außerdem gehören zum Pavillon weitere Vorrichtungen:

— Automatik zur Steuerung der Versorgungseinrichtungen;
— Vorrichtungen gegen Öffnen des Pavillons;
— Vorrichtungen zur Energiezuführung und -verteilung sowie zur Registrierung des Energieverbrauches;
— Fernsprechanschluß;
— der vom Hauptraum hermetisch getrennte Block für Gasballons mit Kontrollgasmischungen;
— einheitliches System zur Entnahme, Vorbereitung und Verteilung der zu analysierenden Luft.

Die Parameter des Mikroklimas im Pavillon betragen +10 ... +35 °C.

Zur Ausrüstung der Station gehören auch folgende meteorologische Geber und Gasanalysatoren:

— der Lufttemperaturgeber (auf Basis eines Platinwiderstandsthermometers); die Aspiration wird durch einen elektrischen Ventilator gesichert;
— der Luftfeuchtegeber, funktioniert im Kompensationsverfahren zur Messung von Taupunkttemperatur (Heizung des Lithiumchloridfühlers);
— das Gerät zur Anzeige von Windgeschwindigkeit und -richtung, welches als Geschwindigkeitsgeber eine Vierblattschraube hat. Der Geberausgang ist impulsartig, die Impulshäufigkeit ist der Windgeschwindigkeit proportional, und die Windrichtung wird in die Phasenverschiebung beider Impulsreihen umgeformt;
— der nach einem chemischen (coulombometrischen) Prinzip funktionierende Gasanalysator der Konzentration von Schwefelgas in der Atmosphäre im Bereich 0 ... 10 mg/m³;
— der nach dem Prinzip der Absorption infraroter Strahlung durch Kohlenoxyde funktionierende Gasanalysator der Kohlenoxyde in der Atmosphäre im Bereich 0 ... 400 mg/m³.

Die oben aufgezählten Gasanalysatoren gehören zu der ersten Baustufe. Folgende Gasanalysatoren werden die zweite Baustufe ergänzen:

— der Gasanalysator von Stickstoffoxyd, Stickstoffdioxyd und Stickstoffoxydsummen mit Meßgrenzen von 0 ... 12,5 mg/m³ in vier Bereichen. Das Verfahren der Bestimmung von Stickstoffoxydsummenkonzentrationen ist chemilumineszent;
— der Gasanalysator von Kohlenwasserstoffsummen, ausgenommen Methan, mit Meßgrenzen 0 bis 100 mg/m³ für drei Bereiche. Die Bestimmung von Kohlenwasserstoffsummenkonzentrationen erfolgt nach dem Verfahren einer flammenartigen Ionisation.

Es wird eine Modernisierung der Gasanalysatoren für Kohlenoxyde und Schwefeldioxyd sowie die Entwicklung von Gasanalysatoren für Ozon und Staub geplant.

Auf Grund der Automatik der Station werden die Ausgangssignale der Geber (Widerstand, Strom, Spannung, Frequenz, Phase) in ein für alle Meßkanäle einheitliches Ausgangssignal umgestaltet (mit Impulsfrequenzen im Bereich von 2000 ... 2500 Hz, Messungen, Skalierungen und Mittelung gemessener Kennwerte).

Auf Grund der Automatik erfolgt Umwandlung, Codierung und Ausführung von Informationen zur

Tabelle 1. Die wichtigsten technischen Charakteristika der ASKZA

Der zu messende Parameter	Informationsparameter des Ausgangssignals des primären Meßumwandlers	Bereich der Änderung des Informationsparameters des primären Meßumwandlers (P/1 P)		Grenze des zulässigen Fehlers
		Ausgangssignal	Eingangssignal	
Windgeschwindigkeit, gemittelt für 20 Min. (V gemittelt)	Impulshäufigkeit	1,5 ... 40 Hz	1,5 ... 40,0 m/sek	(0,5 + 0,05 V gem.) m/sek
Windrichtung, gemittelt für 20 Min.	Phasenverschiebung von zwei Impulsfolgen	0 ... 360° der Phasenverschiebung	0 ... 360° der Wendung des Flügelrades	10°
Lufttemperatur	Widerstandsänderung	400 ... 600 Ohm	−50,0 ... +50,0 °C	0,5°
Taupunkttemperatur	Widerstandsänderung	473 ... 658 Ohm	−30,0 ... +32,0 °C	$\left(0{,}7 + \frac{36{,}4}{r + 7}\right)$ °C wo r relative Luftfeuchte in % ist
Kohlenoxydekonzentration	Lineare Stromänderung	0 ... 5 mA	0 ... 40 mg/m³ 0 ... 80 mg/m³ 0 ... 400 mg/m³	
Schwefeldioxydkonzentration	lineare Spannungsänderung	0 ... 10 mV	0 ... 1,00 mg/m³ 0 ... 2,00 mg/m³ 0 ... 5,00 mg/m³ 0 ... 10,00 mg/m³	15%
Stickstoffoxydkonzentration	lineare Stromänderung	0 ... 5 mA	0 ... 0,10 mg/m³ 0 ... 0,50 mg/m³ 0 ... 2,50 mg/m³ 0 ... 12,50 mg/m³	15%
Stickstoffdioxydkonzentration	lineare Änderung	0 ... 5 mA	Dasselbe	15%
Summenkonzentration von Stickstoffoxyden	lineare Änderung	0 ... 5 mA	Dasselbe	15%
Summenkonzentration von Kohlenwasserstoff	lineare Änderung	0 ... 5 mA	0 ... 10,0 mg/m³ 0 ... 30,0 mg/m³ 0 ... 100,0 mg/m³	15%

Anmerkung 1: Es wird zugelassen, die Windparameter in orthogonalen Windvektorkomponenten mit nominalem Einheitswert der kleinsten Stelle 0,1 m/sek zu messen und die Vektorgeschwindigkeit und -richtung nach folgenden Formeln zu bestimmen:

$$V_{\text{mittl.}} = \sqrt{(V_x)^2 + (V_y)^2}\,,$$

$$\alpha = \text{arc tan}\,\frac{V_y}{V_x}\,.$$

Anmerkung 2: Der Fehler, der bei der Messung orthogonaler Windvektorkomponenten erscheint, soll nicht groß sein, damit der Fehler für Windparameter nach Berechnung von Windgeschwindigkeit und -richtung laut den Formeln der Anmerkung 1 nicht die Grenze des zulässigen Hauptfehlers der ASKZ-O überschreitet (s. Tab. 1).

Aufzeichnung mit vorgegebener Periodizität, die Aufnahme von Fernsteuerungsbefehlen vom Zentrum für Informationserfassung und -bearbeitung sowie die Übermittlung gemessener Informationen an das Zentrum. Die technischen Charakteristika aller Mechanismen der Stationsautomatik für jeden Meßkanal werden in der beigelegten Tabelle angeführt.

Die gemessene Information wird auf einem Locher oder rollenartigen Fernschreiber mit Periodizität von 0,5; 1; 2; 3; 6; 12 Stunden registriert. Außerdem können die Meßangaben durch automatische Fernsprechvermittlung der Stadt an das Sammel- und Verarbeitungsinformationszentrum übermittelt werden. Die Ausführung von Informationen an das Zentrum erfolgt nur laut Fernsteuerungsbefehlen. Die Datenübermittlungsanlagen garantieren eine Informationsfehlerrate von weniger als 10^{-6} bei möglicher Verzerrung des zu übermittelnden Symbols nicht größer als 10^{-3}.

Schematische Darstellung der Stationsstruktur

Bei der Projektierung der Station wurden folgende Anforderungen berücksichtigt:

— hoher operativer Charakter bei Gewinnung und Auffrischung von Informationen über meteorologische Kenngrößen und Verunreinigungsstoffkonzentrationen;
— einfache Steuerung der Meßprozesse und ein minimaler Umfang der mit Datenverarbeitung verbundenen Operationen;
— maximale Zuverlässigkeit jedes Meßkanals;
— leichte Handhabung bei technischen Wartungs- und Reparaturarbeiten.

Eine Analyse der vorhandenen ausländischen Stationen für Umweltkontrolle zeigte, daß sie wesentliche Mängel in ihrer Struktur besitzen. Diese sind:

— enger Bereich von Funktionalmöglichkeiten;
— ungenügender operativer Charakter bei der Informationsgewinnung, da diese Operation nur zu den streng vorgegebenen Zwischenzeiten ausgeführt wird, dabei können die Zeitintervalle nicht kleiner als ein beliebiger Mittelungsabschnitt sein.
— bedeutender Umfang von Apparaturen, was die Anwendung der Station für die Messung einer geringen Anzahl von Kennwerten unzweckmäßig macht.

Zur Beseitigung der aufgezählten Mängel brauchte man eine prinzipiell neue Entwicklung der Stationsstruktur und der Meßwerteverarbeitungsverfahren.

Eine Analyse der Operationen auf dem Gebiet der Verarbeitung von Informationen über meteorologische Kenngrößen und Verunreinigungsstoffkonzentrationen zeigte, daß es notwendig ist, folgendes zu beachten:

— die Ausgangssignale der Geber in ein einheitliches Frequenzsignal umzusetzen (mittels Analogdigitalumwandlers integrierenden Typs);
— den Maßstab anzulegen und die Linearisierung von Charakteristika in bezug auf einzelne Parameter durchzuführen;
— die Parameter in bezug auf den vorgegebenen Zeitabschnitt zu mitteln.

Nach Ausführung dieser Operationen wird der von der Station zu messende Kennwert zu einer Funktion von zwei Größen:

$$N = f(T_0, t)\,,$$

wo

t — ein Zeitpunkt der Aufzeichnung des Parameters, und

T_0 — ein Zeitabschnitt der Mittelung des Parameters sind.

Das Ende des Mittelungszeitintervalls fällt in allen vorhandenen Stationen mit dem Zeitpunkt t zusammen.

Für die entwickelte Station bekommt die Information

$$N = f(T_0, t)$$

nach einer Reduktion den folgenden Ausdruck:

$$N_0 = f(t)\,,$$

wo N_0 ein gleitender Mittelwert für den vorgegebenen Zeitabschnitt und t ein Kennwert zu einem willkürlichen Zeitpunkt sind.

Solche Informationsumwandlung ermöglicht, den operativen Charakter der Arbeit der Station zu erhöhen, da der Kennwert N_0 zu jedem Zeitpunkt t, d. h. praktisch sofort nach Informationsabfragen erhalten werden kann.

Dabei braucht man von außen keine Befehle zu geben oder diese mittels interner Stationsvorrichtungen zu bilden, um über Beginn oder Vollendung des Filtrationsprozesses zu informieren. Deshalb wird die Verbindung mit der Station nur einmal hergestellt, d. h. zum Zeitpunkt des Informationsabfragens vom Zentralpunkt (bei beliebiger Periodizität).

Die Umwandlung erfolgt identisch für alle Kanäle der Messung von Kenngrößen, was es gestattet, die Meßkanäle auswechselbar und von ein und demselben Typ zu bauen. Das ermöglicht auch die Änderung der Anzahl von Meßkanälen, ohne die Stationsstruktur zu ändern, was die funktionalen Möglichkeiten der Umweltkontrollstation erweitert: Die Station kann entweder als eine Einrichtung zur Messung einer geringen Anzahl von Parametern oder als ein unteres Glied im System der Beobachtung und Kontrolle der Umwelt benutzt werden.

Die schematische Darstellung der Struktur der Station wird in Abb. 2 angeführt.

Die Arbeit der Station in verschiedenen Regimes

Das Regime der Messung beginnt mit der Bildung der Signale zur Einschaltung der Geber und deren Überführung in den Betriebszustand. Diese Signale werden vom Block BUD verstärkt; mittels dessen einzelner Elemente erfolgen Steuerbefehle und die Spannungszuführung zu den Gebern. Gleichzeitig beginnen zu funktionieren: die Umwandler UPČ, die Vorrichtungen zur Steuerung der Umwandler, die Auslösung der Zahlen- und Impulsdekoder des Parameters und der gleitenden Mittelung (UFU, URS). Diese Vorrichtungen sind für jeden Kanal identisch, und es genügt, sich mit der Arbeit einer von ihnen bekannt zu machen. Die Vorrichtung UFU steuert den entsprechenden Umwandler auf solche Weise, daß zuerst die Frequenz f_0 (die dem Mittelwert der zu messenden Kenngröße entspricht), dann die Frequenz f_x (die dem wirklichen Wert der zu messenden Kenngröße entspricht) folgerichtig zur Verarbeitung auf die UFU einlaufen. Bei Frequenzdifferenz wird der Zahlen- und Impulsdekoder des zu messenden Parameters ausgelöst und auf die Vorrichtung der gleitenden Mittelung URS übermittelt. Diese Vorrichtung funktioniert auf solch eine Weise, daß sie nach einem vorgegebenen Zeitabschnitt (die Zeit der Mittelung der Kenngrößen) den Mittelwert der Kenngröße enthält. Dabei ist dieser Mittelwert gleitend, d. h., er entspricht zu jedem Zeitpunkt dem Mittelwert des zu messenden Parameters in bezug auf den vorher fixierten Mittelungszeitabschnitt (20 Min.). Nach der für die Überführung der Geber in den Betriebszustand (10 ... 15 Min.) notwendigen Zeit sowie nach der Zeit der Mittelung der Parameter

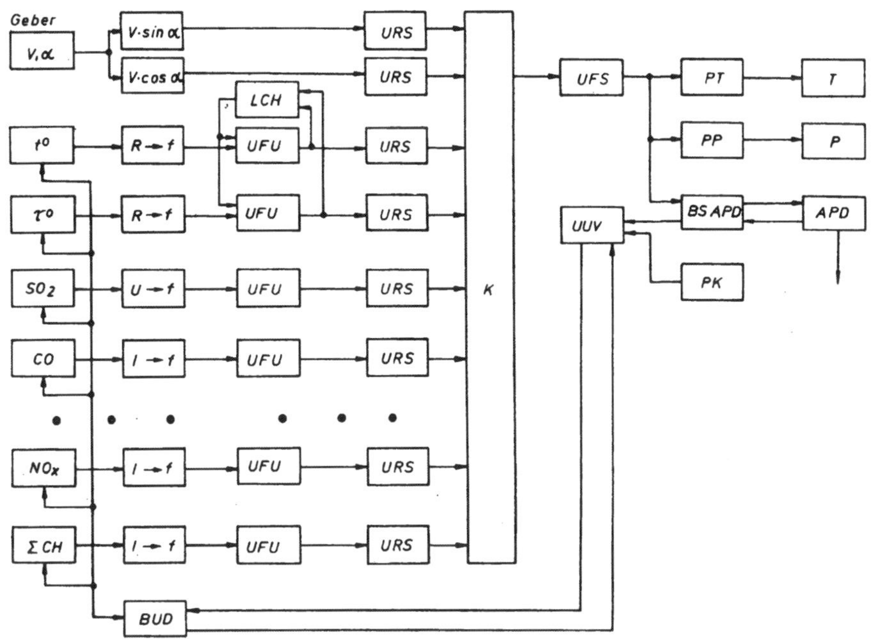

Abb. 2. Strukturschema der ASKZA

(20 Min.) bekommt man am Ausgang aller Vorrichtungen URS einen gleitenden Mittelwert der zu messenden Parameter. Dieses Betriebsregime der UFU und URS wird im Laufe der ganzen Arbeit der Station aufrechterhalten, und die Informationen am Ausgang der URS sind immer zur Ausführung und Aufzeichnung fertig.

Das Regime der Informationsausführung beginnt entweder nach einem Fernsteuerungsbefehl vom Zentrum oder nach einem Signal von der internen Vorrichtung zum Kalenderführen PK. Nach diesem Befehl löst die Vorrichtung der Informationsausführung UUV den Kommutator aus und sichert die Informationsablesung von der URS vom ersten bis zum letzten Kanal. Die Vorrichtung UFS erzeugt das gewünschte Meldungsformat und leitet die Information durch die Vorrichtungen der Kopplung mit Registriergeräten (PT, PP) oder mit der Apparatur der Datenübermittlung (BSAPD) entweder auf die Registriergeräte oder auf die Nachrichtenleitung. Das Meldungsformat ist in beiden Fällen gleich, und die Geschwindigkeit der Informationsausführung hängt von der zu dem gegebenen Zeitpunkt eingeschalteten Vorrichtung ab. Die Informationsausführung auf die Registriergeräte erfolgt nach Signalen der internen Vorrichtung des Kalenderführens (PK) zu folgenden vorgegebenen Terminen: nach 0,5; 1; 2; 3; 6; 12 Stunden. Die Ausgabe der Informationen auf die Nachrichtenleitung erfolgt gemäß Fernsteuerungsbefehlen vom Zentrum, die vom Block BSAPD empfangen werden.

Die Kontrolle der Betriebsfähigkeit der Stationsapparaturen wird in zwei Richtungen durchgeführt:

— eine kontinuierliche Kontrolle;
— eine periodische Kontrolle der Betriebsfähigkeit der Meßkanäle der meteorologischen Kenngrößen ohne Geber und der Meßkanäle der Verunreinigungsstoffkonzentration (einschließlich Gasanalysatoren).

Die kontinuierliche Kontrolle der Betriebsfähigkeit erfolgt mittels Einführung eines speziellen Kontrollparameters, welcher neben den zu messenden registriert wird. Bei jedem Abfragezyklus erfolgt eine Prüfung in bezug auf die Übereinstimmung des empfangenen Formats mit dem angenommenen.

Die periodische Kontrolle der Betriebsfähigkeit der Station erfolgt nicht seltener als einmal pro Tag gemäß Fernsteuerungskommandos entweder vom Zentrum oder vom Zeitblock.

Nach dem ersten Kommando werden die Gasanalysatoren auf die Messung von „Nullgas" umgeschaltet. Das dem Nullwert entsprechende Ausgangssignal wird verarbeitet, gemittelt und an das Zentrum weitergeleitet. Danach werden die Gasanalysatoren auf die Analyse von Gas einer vorgegebenen Konzentration umgeschaltet, und der gemessene Wert wird an das Zentrum übermittelt. Nach den Ergebnissen dieser Prüfung in bezug auf den Null- und den Eichpunkt werden die Korrektionskoeffizienten von der EDVA einer Informationserfassungs- und Verarbeitungsstelle berechnet. Alle weiteren Messungen werden im Zentrum korrigiert.

Das ermöglicht, die im Arbeitsprozeß durch Nulldrift und Kennliniensteilheit der Geber bedingten Fehler zu eliminieren.

Verzeichnis der Abkürzungen in der Abb. 2 und im Text

УФУ	UFU	Vorrichtung zur Steuerung der Umwandler und zur Codebildung
УРС	URS	Vorrichtung zum Stellenverschiebungsregister
К	K	Kommutator
УФС	UFS	Vorrichtung zur Bildung der Meldung
ПП, ПТ	PP, PT	Vorrichtungen zur Kopplung mit dem Locher und dem Fernschreiber
БСАПД	BSAPD	Kopplungsblock mit APD
ТП	TP	Fernschreiber, Locher
АПД	APD	Apparatur zur Datenübermittlung
ПК	PK	Vorrichtung zur Kalenderführung
ЛХ	LCH	Linearisator der Charakteristika
БУД	BUD	Block zur Gebersteuerung
УУВ	UUV	Vorrichtung zur Steuerung des Ausganges

Pt-100-Widerstandsthermometer als Temperaturgeber für AFMS

von H.-A. ULLNER (DDR)

0. Einleitung

An der Automatischen Fernmeldenden Meteorologischen Station (AFMS), die im Stationsnetz des Meteorologischen Dienstes der DDR routinemäßig im Einsatz ist, werden für die Messung der Lufttemperatur, der Erdbodentemperaturen und der Übertemperatur des LiCl-Fühlers Platinwiderstandsthermometer mit einem Grundwiderstand von 100,00 Ω bei einer Temperatur von 0 °C verwendet. Die große Zahl von im Einsatz befindlichen Widerstandsthermometern erfordert zur Sicherung einer hohen Meßgenauigkeit ihre ständige meßtechnische Kontrolle. Grundlage für eine genaue Temperaturmessung ist der Anschluß an ein vom staatlichen Meßwesen beglaubigtes Normalthermometer.

Die Anschlußmessungen an das Normalthermometer und die Ergebnisse der Vergleichsmessungen sind der Inhalt dieses Beitrages.

1. Aufbau des Meßplatzes

Die beiden wesentlichen Bestandteile des Meßplatzes sind das Temperaturbad mit der Temperaturregelung und der Meßkreis zur Bestimmung des elektrischen Widerstandes.

Die zur Messung gewählte Temperatur wird durch einen Ultrakryostaten konstant gehalten. Der temperierte Kessel des Kryostaten ist mit einem Flüssigkeitsgemisch gefüllt, das aus Wasser und einem Gefrierschutzmittel auf Glykokollbasis besteht. In dieses Temperaturbad tauchen die zu messenden Pt-100-Widerstandsthermometer und das Quecksilberglasnormalthermometer ein. Ein Rührwerk sorgt für die räumliche Homogenität der Temperatur im Prüfbad. Ein elektrisches Kontaktthermometer hält die Prüfbadtemperatur zeitlich konstant. Die auftretenden Regelschwingungen übertragen sich infolge der großen Trägheit des thermischen Systems nicht auf die innere Badflüssigkeit mit den zu prüfenden Thermometern. Es können Prüfbadtemperaturen zwischen —20 °C und +30 °C eingestellt werden.

Die Messung des elektrischen Widerstandes erfolgt mit einer Gleichstrombrücke in Wheatstoneschaltung. Als Anzeige für den Nullabgleich wird ein DC-Milli-Pico-Meter MV 40 mit einer Spannungsempfindlichkeit von 1 μV/Skt. verwendet. Die Wheatstonebrücke läßt sich auf ±5 mΩ abgleichen.

2. Meßbedingungen und Meßfehlerabschätzung

Die Temperatur des Prüfbades wird mit einem vom Amt für Standardisierung, Meßwesen und Warenprüfung als Normal 2. Ordnung beglaubigten Quecksilberglasthermometer bestimmt. Da das Normalthermometer nicht bis zur Ablesemarke in die Badflüssigkeit eintauchen kann, muß eine Fadenkorrektur angebracht werden. Sie wurde aus den mit speziellen Thermometern gemessenen mittleren Fadentemperaturen berechnet.

Die zu prüfenden elektrischen Widerstandsthermometer liegen in unterschiedlichen Bauformen vor. Die Temperaturfühler, die als Armaturen vom VEB Feutron Greiz geliefert werden, tauchen mit ihren Sockeln so weit in die Badflüssigkeit ein, wie es ohne Benetzung der elektrischen Anschlüsse möglich ist. Die nicht eingebauten Pt-100-Widerstandsthermometer und ein Teil ihrer elektrischen Zuleitung werden durch Folie geschützt in die Badflüssigkeit gelegt. Versuche mit unterschiedlichen Eintauchtiefen zeigten, daß unter den festgelegten Bedingungen kein Meßfehler durch Wärmeleitung über die elektrischen Anschlüsse entsteht.

Der Meßstrom durch das Pt-100-Widerstandsthermometer beträgt ≦1 mA. Dieser Meßstrom gibt gerade noch ein ausreichendes Signal zum genauen Nullabgleich der Brücke und bedingt einen vernachlässigbar kleinen Meßfehler durch Eigenerwärmung des zu prüfenden Pt-100-Widerstandsthermometers durch den Meßstrom. Untersuchungen mit unterschiedlichen Meßströmen ergaben, daß die Erwärmung bei einem Meßstrom von 1 mA unter 0,02 K bleibt.

Für diese Meßanordnung ist der Meßfehler abzuschätzen. Aus der Unsicherheit beim Brückenabgleich von $\pm 0{,}005\,\Omega$ ergibt sich ein Meßfehler von ungefähr $\pm 0{,}02$ K. Der Fehler bei der Ablesung des Quecksilberglasnormalthermometers wird mit $\pm 0{,}01$ K angenommen. Hinzu kommt eine Unsicherheit durch die Fadenkorrektur, die auf $\pm 0{,}02$ K geschätzt wird. Weiterhin ist der Fehler aus der Bestimmung des Kabelwiderstandes von $\pm 0{,}02$ K zu berücksichtigen. Durch Umpolen des Meßstromes wird der Brückenabgleich nicht verändert. Daraus folgt, daß der Meßfehler durch Thermokräfte vernachlässigbar klein ist.

Nach Addition aller genannten Einzelfehler ergibt sich bei der Prüfung der Pt-100-Widerstandsthermometer ein Gesamtfehler von $\pm 0{,}07$ K. Mehrmalige Messungen an denselben Thermometern über einen längeren Zeitraum zeigten, daß die Ergebnisse mit einem mittleren Fehler von $\pm 0{,}05$ K erhalten werden. Damit ist bewiesen, daß der abgeschätzte Meßfehler von $\pm 0{,}07$ K nicht überschritten wird.

3. Ergebnisse

Im folgenden werden einige Ergebnisse aus der Prüfung von Pt-100-Widerstandsthermometern mitgeteilt.

Das erste Beispiel: Von 46 elektrischen Widerstandsthermometern des VEB Feutron Greiz Typ 1002 ergab die Prüfung folgende Fehlerverteilung bei einer Prüftemperatur von 0 °C:

Fehlerintervall	$\leqq \|\pm 0{,}1\|$ K	$\leqq \|\pm 0{,}2\|$ K	$\leqq \|\pm 0{,}3\|$ K	$> \|\pm 0{,}3\|$ K
Stück	17	35	44	2
Anteil	0,37	0,76	0,96	0,04

Bei anderen Prüftemperaturen ist die Fehlerverteilung ähnlich. Daraus kann geschlossen werden, daß die Fehler der elektrischen Widerstandsthermometer nicht durch Schwankungen des Temperaturkoeffizienten bei Verwendung verschiedener Platinchargen, sondern hauptsächlich durch Schwankungen der Drahtlänge verursacht werden.

Nach dem staatlichen Gütestandard TGL 0-43760 ist ein Fehler bei 0 °C von $\pm 0{,}3$ K zugelassen. Damit sind 96% der geprüften elektrischen Widerstandsthermometer normgerecht. Für den Einsatz an automatischen meteorologischen Stationen wird vom Temperaturgeber eine Genauigkeit von $\pm 0{,}1$ K gefordert. Unter diesen Bedingungen sind 17 Stück oder etwa ein Drittel der geprüften Widerstandsthermometer verwendbar.

Als zweites Beispiel seien die Prüfergebnisse an 40 elektrischen Widerstandsthermometern des VEB Feutron Greiz Typ 1014 vorgestellt. Die folgende Fehlerverteilung gilt wieder für eine Temperatur von 0 °C:

Fehlerintervall	$\leqq \|\pm 0{,}1\|$ K	$\leqq \|\pm 0{,}2\|$ K	$\leqq \|\pm 0{,}3\|$ K	$> \|\pm 0{,}3\|$ K
Stück	30	34	35	5
Anteil	0,75	0,85	0,875	0,125

Von diesen Widerstandsthermometern sind zwar nur 87,5% normgerecht, aber Dreiviertel von ihnen genügen den erhöhten Anforderungen der automatischen meteorologischen Meßtechnik.

Die elektrischen Widerstandsthermometer, die größere Fehler als zugelassen haben, sind deshalb nicht wertlos. Durch eine Anpassung des Zuleitungswiderstandes im Thermometerkreis kann eine Kompensation des Widerstandsfehlers erfolgen. Diese Methode wird beim Einbau der Pt-100-Widerstandsthermometer in das elektrische Aspirationspsychrometer EAP 1 angewendet. Eine andere Möglichkeit ist eine Korrekturrechnung für jede einzelne Meßstelle mit Hilfe eines Computers. Dieser Weg wird bei einer Meßwerterfassungsanlage für spezielle meteorologische Untersuchungen beschritten.

Abschließend sei festgehalten: Die Erfahrungen bei der Prüfung elektrischer Pt-100-Widerstandsthermometer zeigen, daß bei ihnen Abweichungen von den staatlichen Normen vorkommen können und daß ihr Einsatz in der meteorologischen Meßtechnik ohne vorherige meßtechnische Prüfung, also ohne Kenntnis des tatsächlichen Fehlers jedes einzelnen Thermometers, zu ungenauen Messungen der meteorologischen Elemente führen kann.

Die gegenwärtigen Entwicklungskonzeptionen der automatischen hydrometeorologischen Stationen

von Ju. F. Ivanov, K. N. Manujlov, A. L. Zlatin (UdSSR)

Zusammenfassung

In einer Analyse zum Stand der Automatisierung der hydrometeorologischen Beobachtungen stellen die Autoren fest, daß es zweckmäßig ist, nicht sofort zu einer vollen Automatisierung überzugehen, sondern vorerst eine Teilautomatisierung (Mechanisierung) der Beobachtungen anzustreben. Diese Teilautomatisierung sollte zweckmäßigerweise auf einer Aggregat-Modulblockbasis erfolgen. Dabei könnten später die in dieser Übergangsetappe geschaffenen halbautomatischen und fernregistrierenden Apparaturen ohne wesentliche Umbauten durch Hinzufügen der entsprechenden Modulblöcke zu vollautomatischen Apparaturen ergänzt werden. Das Meßsystem sollte auf einer Verwendung unabhängiger Meßkanäle beruhen, was eine Erhöhung der Zuverlässigkeit, eine Erleichterung von Reparaturen und die Lösung funktioneller Fragen ergeben würde. Notwendig ist die Schaffung von Geber-Wächtern, welche die automatische Station bei den Kennzeichen einschalten, die dem Auftreten einer Sturmsituation vorausgehen. Eine gegenwärtige Entwicklungsrichtung der Systeme der am Boden durchgeführten Beobachtungen ist die Verwendung von Mikro- und Mini-Prozessoren, welche Steuerungsfunktionen, teilweise mit Rückkopplung zu verschiedenen Gebern, sowie die Funktion einer primären Informationsverarbeitung übernehmen. Die Erarbeitung konkreter Konzeptionen der Verwendung von EDVA erfordert eine gesonderte Betrachtung. Die Autoren verweisen abschließend darauf, daß sie ihre eigenen und nicht die Standpunkte und Konzeptionen des Hydrometeorologischen Dienstes der UdSSR dargelegt haben.

Современные концепции развития автоматическик гидрометеорологических станций

Ю. Ф. Иванов, К. Н. Мануйлов, А. Л. Златин (СССР)

Вопрос об автоматизации приземных гидрометеорологических измерений и сбора информации является в настоящее время актуальным. Количество автоматических станций погоды в разных странах с каждым годом увеличивается. По данным ответов на вопросник рабочей группы по автоматизации систем приземных наблюдений ВМО общее количество автоматических станций только по 9 странам мира превысило 2300 шт. Значительные работы по разработке и эксплуатации автоматических систем проводятся в социалистических странах (СССР, ГДР, ВНР и др.).

В настоящее время имеется необходимость определить отношение ГМН/МС социалистических стран к различным аспектам автоматизации приземных наблюдений и выработать направления развития работ. Это диктуется с одной стороны быстрым развитием техники: микроэлектроники, вычислительной техники, современных измерительных датчиков и т. д., а с другой — прогрессом в области исследований объекта измерений — внешней среды и методов использования измерительной информации, получаемой от различных измерительных систем для решения задач гидрометеорологии. Учитывая эту необходимость, авторы сочли целесообразным представить на настоящем симпозиуме ряд собственных концепций и точек зрения на направления общего и технического развития автоматических гидрометеорологических станций и систем.

Как известно, автоматические гидрометеорологические станции делятся на две основные группы:

— автоматические станции (а/с), предназначенные для эксплуатации продолжительное время без участия человека (условно — „необслуживаемые") и а/с, эксплуатируемые в непосредственном контакте с человеком.

А/с первой, наиболее распространенной группы используются для решения следующих задач:

— расширения гидрометеорологической сети за счет установки а/с в труднодоступных и малообитаемых районах суши, на морях (буйковые станции), на дрейфующих льдах;
— создания местных (локальных) мезо- и микромасштабных сетей вокруг крупных городов, важных народнохозяйственных объектов, аэродромов и т. д.;
— измерения метеоэлементов на транспортных (ж. д., автомобильных и др.) магистралях;
— контроля за опасными и особо опасными природными явлениями (ливни, штормы, сели, лавины и т. д.);
— контроля за загрязнением воды и атмосферы.

А/с второй группы (условно — „обслуживаемые") используются для решения следующих задач:

— измерения гидрометеорологических элементов на основной сети станций;
измерения и сбора метеорологической информации на аэродромах;
— измерения гидрометеорологических (а иногда и геофизических) параметров на обсерваториях и высотных комплексах.

Приведенный перечень задач, решаемых с помощью а/с, не претендует на полноту и должен уточняться по мере развития автоматизации приземных измерений.

Из рассмотрения этого перечня прежде всего следует, что с развитием автоматизации гидрометеорологических наблюдений увеличивается разнообразие типов а/с, что обусловлено разнообразием задач и требований к измерениям и различием условий эксплуатации станций. Отсюда вытекает вывод о том, что при проектировании а/с целесообразно обеспечивать возможность образования различных модификаций, как минимум отличающихся:

— составом измерений,
— функциональными особенностями, в частности режимом измерений (штормовой, регулярный-„метео"),
— аппаратурой связи,
— составом внешних устройств.

А это означает, что проектирование, производство и эксплуатацию а/с целесообразно осуществлять на основе агрегатирования (как минимум укрупненного, например на базе функциональных блоков), унификации параметров присоединения датчиков, строгого порядка в вопросе организации измерительной системы и т. д.

В Советском Союзе дальнейшие работы в области построения а/с предполагается отсуществлять на основе агрегатного комплекса средств гидрометеорологической техники АСМТ, который решает основные вопросы агрегатирования и унификации.

Что касается вопроса о рациональном построении измерительной системы а/с, то по нему могут иметь место различные точки зрения. Однако, наиболее привлекательным, по нашему мнению является принцип построения измерительной системы из совокупности независимых измерительных каналов. Это создает ряд преимуществ в части повышения надежности, ремонтопригодности и решения функциональных вопросов.

Одной из наиболее важных и распространенных задач, которые решают а/с и системы, является контроль за наступлением опасных и особо опасных явлений погоды и штормовые предупреждения. Опыт работы экспериментальной сети автоматических станций в Белорусской ССР показывает, что автоматизация увеличивает объем и оперативность получения штормовой информации, а из анализа работы а/с разных стран, выполненного рабочей группой КПМН, следует, что получение и передача штормовой информации является основной функцией большинства станций.

При создании „необслуживаемых" а/с в связи с необходимостью экономить электроэнергию и обеспечивать повышенную надежность возникают трудности в реализации штормового контроля и сигнализации. В связи с этим целесообразно рассмотреть ряд предложений, направленных на решение этой задачи.

Так, существенным упрощением устройств штормового контроля является переход на штормовую сигнализацию не в момент образования штормовой ситуации, а в фиксированные моменты времени с введением учащенных измерений (например, через 30 или 60 мин.). По-видимому, такой режим штормовой сигнализации может приемлем для большинства случаев.

Увеличение объема измерений и усложнение функций а/с (особенно „необслуживаемых") выдвигает задачу экономии жизненных и энергетических ресурсов. Одним из средств такой экономии является обеспечение „избирательного" режима коммутации датчиков или измерительных каналов.

Так, например, при срабатывании датчика-индикатора, свидетельствующем о наличии солнечного сияния можно не включать датчик, измеряющий высоту нижней границы облаков или датчик тумана и т. д. Еще более эффективной и экономичной будет работа штормовой „необслуживаемой" станции, если ее включать на измерение не регулярно, а только при условии реального приближения штормовой ситуации. При этом необходимо решить задачу создания простых и высоконадежных датчиков-сторожей, включающих а/с по признакам, которые предвещают наступление штормовой ситуации.

Выработка концепций развития а/с, используемых на стандартной (традиционной) гидрометеорологической сети, на которой измерения и наблюдения выполняет человек-наблюдатель, представляется нам наиболее сложной задачей. Этот вопрос был предметом обсуждения на Ш симпозиуме представителей ГМС/МС соцстран в Гомеле и на УП сессии КПМН.

Основной задачей, как известно, является замена визуальных наблюдений гидрометеорологических элементов, осуществляемых человеком, инструментальными измерениями. С этой точки зрения, по-видимому, первоочередным является разработка ряда новых датчиков и индикаторов, с помошью которых можно определять наличие и продолжительность некоторых явлений погоды (осадки, туман, гроза, гололёд и т. д.), а также осуществлять их селекцию. По мнению ряда методистов решение этой задачи создаст условия для перевода части гидрометеорологических станций на автоматический режим измерений (полностью или в ночное время).

Однако, кардинального решения вопроса о полной автоматизации приземных наблюдений на существующей гидрометеорологической сети с сокращением персонала наблюдателей, по-видимому, в ближайшее время ожидать нельзя. В связи с этим следует определить, какое измерительное оборудование целесообразно создавать на сети, взамен устаревших визуальных приборов с тем, чтобы решить задачи:

— увеличения оперативности сбора метеорологической информации, особенно штормовой,
— повышения достоверности, устранения субъективности, уменьшения неопределенности измерений;
— улучшения условий труда наблюдателей.

Если считать, что наличие человека-наблюдателя на станции пока неизбежно, то можно переложить на него часть функций, которые при полной автоматизации выполняет а/с, т. е. осуществить не автоматизацию, а механизацию или полуавтоматизацию наблюдений на сети станций. Такое решение вопроса может быть временным, оно экономически более эффективно, чем применение автоматических станций, например, типа М 106-М 106 М, потому что потребует существенно меньших капитальных и эксплуатационных затрат. Для того, чтобы в будущем, когда появятся предпосылки исключения человека из сферы наблюдения и полной автоматизации сети, не потребовалось полностью заменять оборудование на новое автоматическое, целесообразно указанную механизацию измерений осуществлять на агрегатной блочно-модульной основе. В этом случае построенные в процессе механизации дистанционные или полуавтоматические измерительные установки можно будет без существенной переделки достроить до полностью автоматических путем добавления соответствующих блоков-модулей.

Современным направлением развития систем приземных наблюдений является применение в составе а/с микро- и мини ЭВМ, которые могут принять на себя функции управления, в том числе управления с использованием обратной связи от различных датчиков, и первичной обработки информации. Выработка конкретных концепций применения ЭВМ является специальным вопросом, требующим отдельного рассмотрения.

В заключение следует указать, что в настоящем докладе изложены точки зрения и концепции авторов. Они не являются концепциями Гидрометеорологической службы СССР.

Methodische und technische Anforderungen an eine 2. Generation AFMS

von S. Klemm (DDR)

Eine erste Generation von meteorologischen Datenerfassungsanlagen wurde in den Jahren 1960—1968 in Form der automatischen Temperaturfernmeßanlage (ATF 64) und einer automatischen Klimastation (AKS) in den Akademiewerkstätten für Forschungsbedarf der Akademie der Wissenschaften der DDR in Zusammenarbeit und im Auftrag des MD der DDR entwickelt.

Die Entwicklung bzw. Adaption der erforderlichen Geber sowie die Weiterentwicklung der AKS zur Automatischen Fernmeldenden Meteorologischen Station (AFMS) wurde durch die Entwicklung und den Bau einer Datenspeicheranlage (DSAA) und einer Automatischen Wähleinrichtung (AWE) im Instrumentenamt des MD der DDR durchgeführt. Durch die erwähnten Baugruppen wählt die Anlage nach den stündlichen Beobachtungen — bei Überschreiten von bestimmten Schwellenwerten auch zwischenzeitlich — selbsttätig die festgelegte Nutzeradresse über Telex an und übermittelt die Daten automatisch. Der Nutzer kann jedoch auch die Daten über Telex unter Verwendung eines bestimmten Codes wiederholt — bis zur Ausgabe einer neuen Stundenmeldung — abrufen.

1969 wurde die erste AFMS an der Station Grünow bei Prenzlau installiert. Inzwischen wurden insgesamt 42 solcher Anlagen unter ständiger Weiterentwicklung und Verbesserung im Zentrum für Wissenschaftlichen Gerätebau (ZWG) der AdW der DDR produziert und im Netz des MD der DDR in Betrieb genommen. Sie sind an Kat. I-, III- und IV-Stationen zur routinemäßigen Datengewinnung im Einsatz.

Der Einsatz dieser Anlagen, dieser revolutionierenden meteorologischen Beobachtungstechnik, hat sich trotz des Auftretens verschiedenster Probleme und Schwierigkeiten inzwischen bewährt. Die Realisierung der nach dem IX. Parteitag der SED beschlossenen sozialpolitischen Aufgaben im meteorologischen Netz wurde durch den Einsatz dieser Anlagen wesentlich erleichtert und ermöglicht, da diese auch ohne ständige Betreuung durch einen Beobachter über einen immer größer werdenden Zeitraum zuverlässig meteorologische Daten automatisch erfassen und übermitteln.

Zur Erarbeitung der vorliegenden Konzeption einer AFMS-2 hat eine Anzahl von Fachgesprächen in kleinerem und größerem Kreise mit Vertretern des rt- und nrt-Bereiches stattgefunden. Dabei wurden im wesentlichen meteorologische Forderungen an eine AFMS-2 und mögliche Lösungen dazu diskutiert. Darüber hinaus wurden alle Forschungsdienststellen des MD über ihre Vorstellungen zur automatischen Erfassung von zusätzlichen Meßgrößen befragt.

Nach den dabei gewonnenen Erkenntnissen ist zur Realisierung der hohen Anforderungen bei der Konzipierung einer AFMS-2 von der Verwendung einer mikrorechnergesteuerten Datenerfassungsanlage auszugehen. Eine solche Datenerfassungsanlage ist wegen ihrer programmierbaren Programmsteuerung flexibel einsetzbar und durch Erhöhung der Speicherkapazität erweiterungsfähig. Der Realisierung auch sehr komplizierter Meß- bzw. teilweiser Verarbeitungsprogramme sind im wesentlichen nur Grenzen durch die hohen Anforderungen an die Zuverlässigkeit der Gesamtanlage gesetzt.

In der DDR werden gegenwärtig mikrocomputergesteuerte Datenerfassungsanlagen entwickelt, die nach 1980 industriemäßig produziert werden und auch für die Zwecke der meteorologischen Datenerfassung geeignet sind. Es muß jedoch davon ausgegangen werden, daß bei einer solchen industriell gefertigten Anlage für alle Geber Anpaßschaltungen entwickelt und produziert werden müssen.

Die AFMS-2 soll eine einheitliche automatische meteorologische Station sein, die sowohl meteorologische Daten für rt- als auch nrt-Zwecke erfaßt und über dieses Standardprogramm hinaus auch zusätzliche meteorologische Informationen in einem bestimmten Rahmen zu erfassen gestattet.

Die Ausgabe der Daten für rt- und nrt-Zwecke soll an der Station zur vollen Stunde im Synop-Code erfolgen. Insbesondere aus Gründen des schnellen Zugriffs für rt-Daten scheint es jedoch sehr zweckmäßig zu sein, nur die Daten für operative rt-Zwecke nach der vollen Stunde zu übertragen. Die stündlichen Daten für nrt-Zwecke sollten dagegen nach

Tabelle 1. Parameterliste Standardprogramm

Lfd. Nr.	Parameter	Erfassung und Ausgabe											
		Erfassung											
		Anzahl der Meßstellen	Momentanwert pro Min.	Momentanwert pro Stunde	Kurzzeitmittel pro 2 s	Kurzzeitmittel pro Min.	fortlfd. Mittel 5 Min.	fortlfd. Mittel 10 Min.	Mittel — 5 bis H	Alternativzustand	fortlfd. Summierung	spezielle Ableitung
1.	Lufttemperatur	3	×						×			
2.	Feuchttemperatur	1							×			
3.	Taupunkt	1		×								
4.	Relative Luftfeuchte	1		×								
5.	E.-Minimum	1	×									
6.	Wasser-(Bade-)Temperatur	1		×								
7.	Oberflächentemp.	2	×						×			
8.	Erdbodentemperatur	6		×								
9.	t_{H_0} unter Schnee	1		×								
10.	Luftdruck H_S	1		×								
11.	Luftdruck NN	—		×								
12.	Windrichtung	1	×					×				
13.	Windgeschwindigkeit	1			×			×				
14.	Globalstrahlung	1				×					×	
15.	Himmelsstrahlung	1				×					×	
16.	Spektralbereiche	2				×					×	
17.	Strahlungsbilanz	1				×					×	
18.	Langw. Ausstrahlung	1				×					×	
19.	Niederschlagsdauer	1									×	
20.	Niederschlagsmenge	1	×								×	
21.	Niederschlagsintensität	—	×				×					
22.	Schneehöhe	1		×								
23.	Schneedichte	1		×								
24.	Nebelfrost	1							×			
25.	Taumenge	1								×	×	
26.	Glatteis	1								×		
27.	Blitzzahl	1									×	
28.	Höhe der Wolkenuntergrenze	1	×						×			
29.	Sichtweite	1	×						×			
30.	Sonnenscheindauer	1								×	×	
31.	Schrägsicht	1	×	×								
32.	RVR	1	×	×								
33.	Art der Luftänderung	—										×
34.	Hagel	1	×								×	

einer weiteren Messung von ausgewählten Parametern zur halben Stunde erfolgen. Darüber hinaus wird davon ausgegangen, daß Parameter zur Signalisierung von Gefahrensituationen wie Wolkenhöhe, Windgeschwindigkeit (nach einem bestimmten Schwellenwert), Sicht von der Zentraleinheit ständig überwacht werden und bei auftretenden Gefahrensituationen Gefahrenmeldungen zusätzlich zur halben Stunde abgegeben werden. Weiter sollte die AFMS-2 u. a. folgende Forderungen erfüllen:

1. Die Erfassung aller bisher mit der AFMS-1 gemessenen Parameter,
2. eine verbesserte Repräsentativität (Abbildungsqualität) bestimmter Parameter,
3. die Erfassung weiterer meteorologischer Parameter, die durch die Entwicklung neuer Geber zu gewährleisten ist,
4. die Verwendung von Gebern der AFMS-1 auch für die AFMS-2,
5. die Gewährleistung der Möglichkeit der Handeingabe von visuell gewonnenen Daten,
6. die Gewährleistung einer höheren Gesamtzuverlässigkeit im Vergleich zur AFMS-1,

Erfassung und Ausgabe																		
stündliche Ausgabe												zusätzliche Ausgaben						
Momentanwert pro Stunde	fortlfd. Mittel 5 Min.	fortlfd. Mittel 10 Min.	Mittel — 5 bis H	Mittel — 10 bis H	Alternativzustand	Stundensumme	Spezielle Ableitung	Maximum	Minimum	fortlfd. Mittel 5 und 10 Min.	Schwellenwerte Ausgabe bei Eintritt des Ereignisses	Extremwerte 6 Stunden	Summe 6 Stunden	Extremwerte 12 Stunden	Summe 12 Stunden	Extremwerte 24 Stunden	Summe 24 Stunden	Mittelwerte 24 Stunden
×			×					×	×			×		×		×		×
×			×															
×																		
×																		×
									×									
×																		
			×					×	×			×						
×												×		×				×
×																		
×																		
×																		
		×		×				×			×							
				×				×			×	×						
						×		×				×					×	
						×		×				×					×	
						×		×				×					×	
						×		×									×	
						×		×									×	
						×									×		×	
						×		×			×		×		×		×	
	×							×				×						
×																		
×																		
			×															
					×	×									×			
					×													
						×												
×			×					×	×		×							
×			×						×		×							
					×	×									×			
×																		
×																		
							×											
					×													

7. die Gewährleistung einer hohen Servicefreundlichkeit,
8. die serienmäßigen Herstellungs- und Installationskosten in der bisherigen Höhe.

Die überarbeiteten und vorläufigen Anforderungen des rt- und nrt-Bereichs sind als Standardprogramm in der Tabelle 1 zusammengestellt.

Die zur Realisierung dieses Meßprogramms erforderlichen Geber — sowohl bereits vorhandene und weiter zu verwendende Geber als auch für die Entwicklung vorgesehene Geber — sind mit entsprechendem Meßbereich, Meßgenauigkeit, zeitlicher Abfrage der Geber und Bemerkungen in Tabelle 2 aufgeführt.

Aus den eingegangenen Anforderungen der Forschungseinrichtungen scheinen folgende Forderungen im Rahmen des Standardprogramms der AFMS-2 realisierbar:
— Strahlungsbilanz,
— Globalstrahlung,
— Himmelsstrahlung,
— Wassertemperatur.

Von den vorgelegten Anforderungen aus dem

Tabelle 2.

Lfd. Nr. nach Liste 2.1	Anz. der Meßst.	Meßwertgeber	Meßbereich für Ausgabe von/bis	Genauigkeit Meßwertgeber	Genauigkeit Ausgabe	zeitl. Abfrage des Meßwertgebers	Bemerkungen
1	3	Elektrisches Aspirationspsychrometer	—40 °C/60 °C	0,1 K	0,1 K	minütlich	5-min-Mittel zum Termin
2	1	Elektrisches Aspirationspsychrometer	0 °C/60 °C	0,1 K	0,1 K	minütlich	5-min-Mittel zum Termin
3	1	Elektrisches Aspirationspsychrometer	0 °C/30 °C	0,1 K	0,1 K	5 min vor bis zum Termin	5-min-Mittel zum Termin
	1	LiCl-Taupunktfühler	—20 °C/30 °C	0,5 K	0,1 K	5 min vor bis zum Termin	
4	1	Geber wie unter 2. und 3.	0—100 %	2 %	1 %	5 min vor bis zum Termin	Rechengröße
5	1	Pt-100-Thermometer	—40 °C/60 °C	0,1 K	0,1 K	minütlich	Minimum 19^h—7^h
6	1	Pt-100-Thermometer	—40 °C/60 °C	0,1 K	0,1 K	zum Termin	
7	2	IR-Thermometer	—40 °C/60 °C	0,5 K	0,5 K	5 min vor bis zum Termin	5-min-Mittel zum Termin
8	6	Pt-100-Thermometer	—40 °C/60 °C	0,1 K	0,1 K	zum Termin	
9	1	Pt-100-Thermometer	—40 °C/60 °C	0,1 K	0,1 K	zum Termin	
10 u. 11	1	Aneroidbarometer	Basiswert nach Höhenstufen und 100 mbar Skalenbereich	0,3 mbar	0,1 mbar	zum Termin	Luftdruck NN Rechengröße
12	2	Windfahne	0—360°	5 Grad	1 Grad	minütlich	10-min-Mittel fortlaufend
13	2	Schalenanemometer	0—50 m/s	1 m/s	0,1 m/s	alle 2 s	10-min-Mittel fortlaufend
14	1	Pyranometer	0—1400 W/m^{-2}	10 W/m^2	10 W/m^2	minütlich	10-min-Summen fortlaufend Stundensumme
15	1	Pyranometer mit Schattenring	0—1400 W/m^{-2}	10 W/m^2	10 W/m^2	minütlich	10-min-Summen fortlaufend Stundensumme
16	2	Pyranometer	0—1400 W/m^{-2}	10 W/m^2	10 W/m^2	minütlich	Stundensumme
17	1	Strahlungsbilanzmesser	—700/1400 W/m^{-2}	10 W/m^2	10 W m^2	minütlich	Stundensumme
18	1	Gerät wie unter 17. Strahlungsbilanzmesser untere Komponente Pt-100-Thermometer	—700/1400 W/m^{-2}	10 W/m^2	10 W/m^2	minütlich	Stundensumme Pt-100-Wert zur Berechnung: + zu Meßwert
19	1	Niederschlagsgeber	0—60 min	2 min	1 min	alle 5 min	fortlaufend 5-min-Mittel, Stundensumme
20			0—100 mm	0,1 mm	0,1 mm		fortlaufend 5-min-Mittel, Stundensumme
21				$0{,}1 \frac{mm}{min}$	$0{,}1 \frac{mm}{min}$		Rechengröße aus 19 u. 20
22	1	Schneehöhenmesser	0—100 cm	2 cm	1 cm	stündlich zum Termin	
23	1						Rechengröße
24	1	Nebelfrostgeber	0—5 kg	100 g	100 g	5 min vor bis zum Termin	5-min-Mittel zum Termin
25	1	Blitzzähler	0—1000	1 Blitz	1 Blitz	zum Termin	Stundensumme
26	1	Wolkenhöhenmesser	0—1500 m	—	da m	minütlich	5-min-Mittel zum Termin
27	1	Sichtmesser	0—30 km	—	da m	minütlich	5-min-Mittel zum Termin Minimum
28		siehe unter 10.		—	—		Rechengröße aus 10

nrt- und rt-Bereich sind aus technischen Gründen folgende Parameter zunächst nicht berücksichtigt worden:

- Taumenge,
- Glatteis,
- Sonnenscheindauer,
- Schrägsicht,
- RVR,
- Hagel.

Weitere Erörterungen scheinen unter Berücksichtigung eines vertretbaren Aufwand-Nutzen-Verhältnisses erforderlich über folgende Anforderungen des rt- und nrt-Bereiches:

1. Minütliche Erfassung der Lufttemperatur zur genauen Bestimmung der stündlichen und täglichen Temperaturextremwerte,
2. Erfassung von 6 Strahlungsparametern,
3. fortlaufende Erfassung von 10-Min.-Summen des Niederschlags,
4. Meßprogramm über Wolkenhöhe und Sichtweite.

Steuerung von telemechanischen Systemen durch Mikrocomputer

von P. HANÁK (UVR)

Anfang 1973 begann unser Lehrstuhl zwei automatische Systeme für die Abfrage, Speicherung und Verarbeitung von hydrometeorologischen Meßdaten zu entwickeln: das Zagyva-Tarna Fernsteuersystem (ZTVSzR) für die Direktion für Wasserwesen des mittleren Donautals und das Wasserqualitätskontrollsystem im Raum des Flusses Sajó (SVR) für das Wissenschaftliche Forschungsinstitut für Wasserwesen.

Der Zweck des im Raum des Flusses Sajó aufgestellten SVR-System ist die von traditionellen Meßeinrichtungen gelieferten Wasserqualitätsangaben automatisch zu erfassen und zu konzentrieren, um

— die aus dem Ausland stammenden Schmutzstoffe kontinuierlich zu bestimmen,
— die von Zeit zu Zeit auftretenden Wasserverunreinigungen zu entdecken, und ihren Ablauf im voraus anzuzeigen,
— die Grenzwertüberschreitungen der Wasserqualitätsangaben zu entdecken, das Bedienungspersonal zu alarmieren und
— die Änderungen der Wasserqualitätskennwerte zu registrieren sowie den Zusammenhang von Wasserqualität und Wasserablauf zu erkennen.

Das ZTVSzR in seiner ersten Ausbaustufe mißt verschiedene hydrometeorologische und Wasserqualitätskennwerte mit Hilfe der auf dem etwa 5600 km^2 großen Wassereinzugsgelände der Flüsse Zagyva und Tarna angebrachten Meßfühler und sendet die Meßdaten nach der ungefähr 100 km entfernten Budapester Hauptzentrale. Zur Zeit werden die folgenden Kennwerte gemessen: Niederschlag, Lufttemperatur, Bodentemperatur, Schnee-Wassergehalt, Bodenfeuchtigkeit und Bodenfrosteindringtiefe.

Das ganze System besteht aus drei Hauptteilen:

— Unterzentralen mit den in ihrer Umgebung aufgestellten Meßfühlern. Zur Zeit sind 18 Unterzentralen eingerichtet (siehe Abb. 1),
— Datenübertragungskanal zwischen den Unterzentralen und der Budapester Hauptzentrale. Zwecks Wirtschaftlichkeit wird für diesen Kanal das Telex-Netzwerk der Ungarischen Post benutzt,
— die Budapester Hauptzentrale.

Die Aufgaben der Unterzentralen sind, die Meßergebnisse der angeschlossenen Meßfühler alle 10 bis 30—60 Minuten automatisch abzufragen, zu digitalisieren und zu speichern, ferner auf Befehl der Hauptzentrale die Meßdaten weiterzuleiten und die Fernsteuerbefehle durchzuführen.

Die aus der Hauptzentrale eintreffenden Befehle können folgende sein:

— Abfragen eines bestimmten Teils der im Speicher gespeicherten Daten (gewöhnlicherweise der während einer Stunde gesammelten Meßdaten),
— Befehl zur Durchführung einer außerordentlichen Messung,

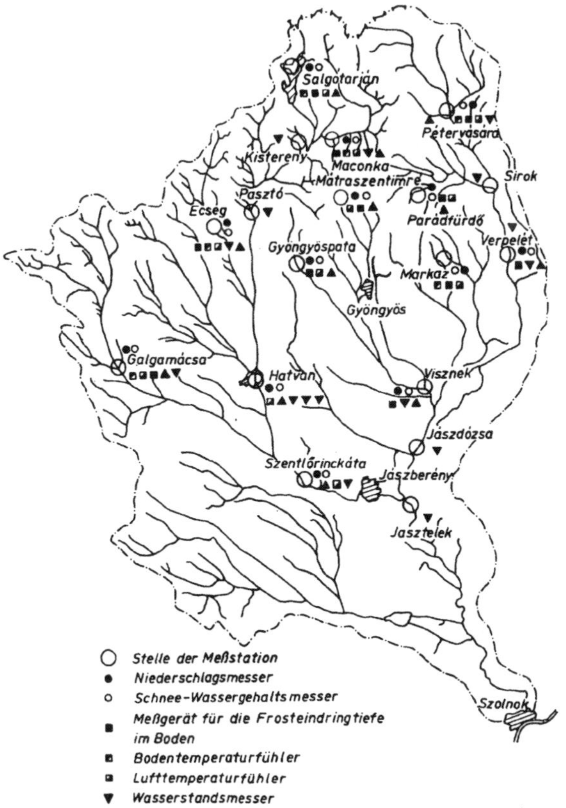

Abb. 1. Das Zagyva-Tarna Fernsteuersystem für die Wasserwirtschaft: Die Verteilung der Meßstationen

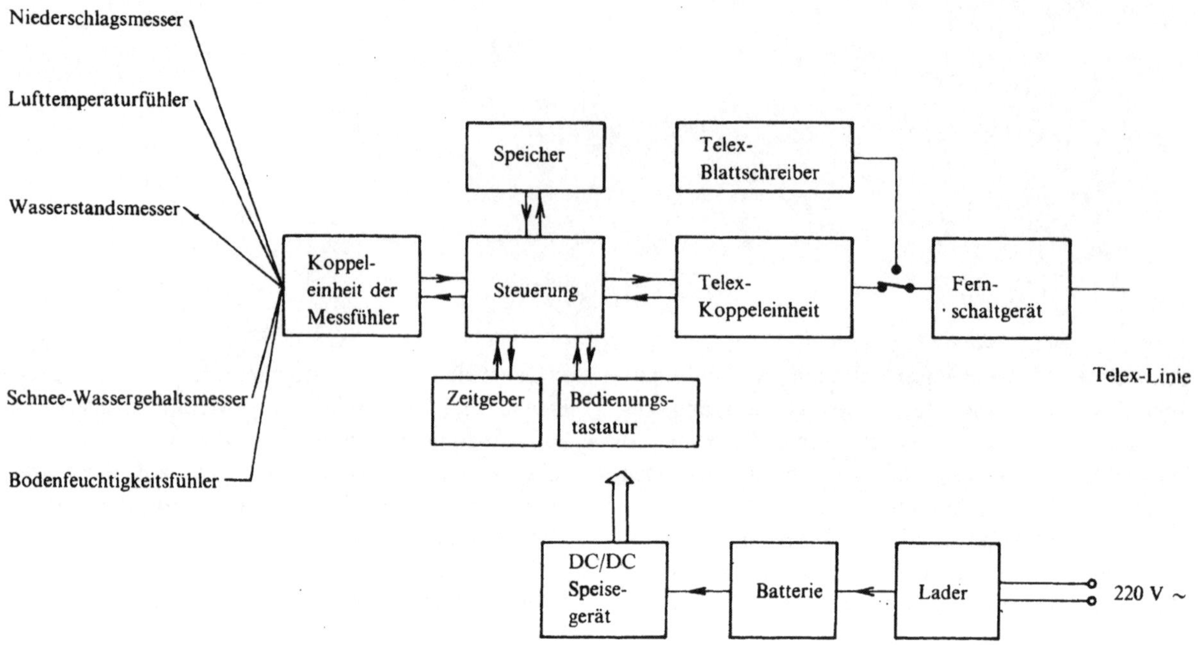

Abb. 2. Der Aufbau einer Unterzentrale

— Abfragen der maximalen bzw. minimalen Meßdaten der einzelnen Meßfühler und
— Fernsteuerungsbefehle.

An jede Unterzentrale können max. 100 Geräte angekoppelt werden. Die gemessenen Größen können drei dezimale Ziffern haben, die Umsetzungsgenauigkeit ist ± 1.

Die Unterzentralen sind an das Telex-Netzwerk der Post durch Koppeleinheiten angeschlossen. Die Anwendung des öffentlichen Telex-Netzwerkes bedeutet gleichzeitig, daß die Unterzentralen von allen Telex-Stationen angerufen werden können, wodurch die Meßdaten für einen jeden Abonnenten zugänglich sind. Der Aufbau einer Unterzentrale ist in Abb. 2 dargestellt.

Zur zweckmäßigen Arbeit des Systems dürfen aber Fernsteuerbefehle nur von der Hauptzentrale erteilt werden, deshalb hat sich der Anrufer vor Erteilung des Befehls durch eine sogenannte „Parole" zu identifizieren.

Die Zentrale muß eine riesige Menge von Daten sammeln, kontrollieren, auswerten und speichern, deshalb ist sie ohne die Anwendung eines Rechners nicht denkbar. Nach verschiedenen Überlegungen

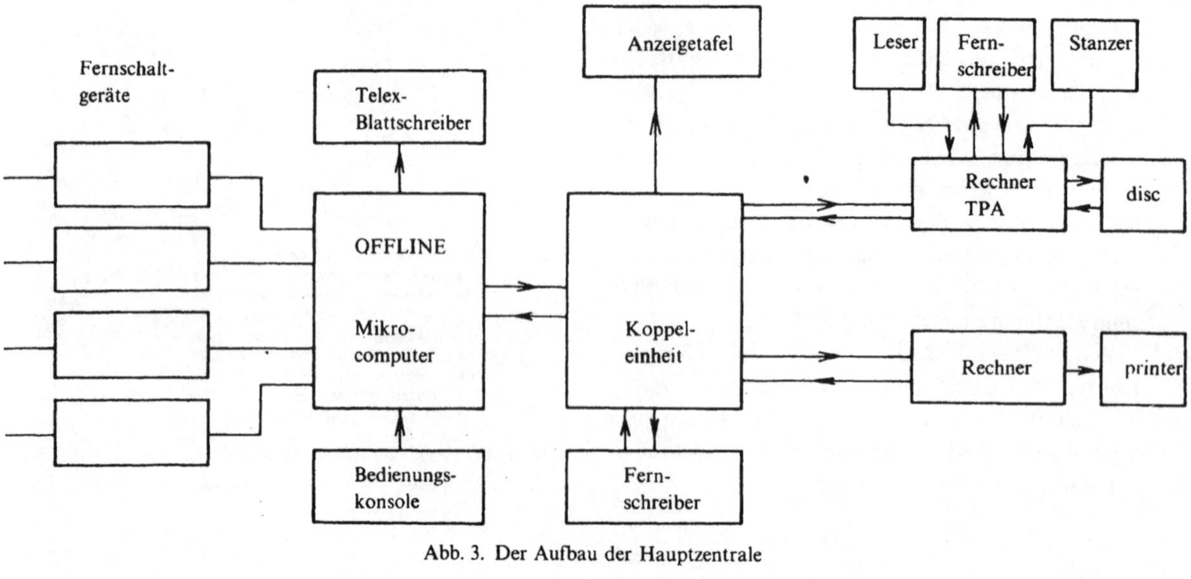

Abb. 3. Der Aufbau der Hauptzentrale

wurde der TPAi Rechner aus ungarischer Produktion gewählt. Der Aufbau der Zentrale ist in Abb. 3 zu sehen.

Um einem Verlust der Meßdaten vorzubeugen, ist der Mikrocomputer der Zentrale auch im Falle des Schadhaftwerdens der Rechenanlage fähig, die grundlegenden Funktionen zu steuern, das heißt:

— er kann die an die vier Telexlinien der Hauptzentrale angeschlossenen, automatischen Fernschaltgeräte steuern,
— er ist fähig, die Fehlerlosigkeit der Datenübertragung zu kontrollieren,
— er kann die Daten der Unterzentralen alle 10, 30 oder 60 Minuten automatisch oder auf Befehl des Bedienungspersonals abfragen und sie auf Papierband stanzen oder in gleichem Format als „Botschaften" direkt an den Rechner weiterleiten.

Unter normalen Umständen wird die Arbeit der Hauptzentrale durch den TPAi gesteuert, der auch die Durchführung komplizierter Aufgaben ermöglicht, d. h.:

— Die eintreffenden Daten unterwirft er verschiedenen Untersuchungen: 1. Untersuchung der Glaubwürdigkeit, 2. Untersuchung von gemeinsamen Alarmgrenzwerten (z. B. für Temperaturwerte), 3. Untersuchung mit individuellen Alarmgrenzwerten (z. B. für Wasserstandswerte) und 4. Untersuchung mit individuellen Differenzgrenzwerten (z. B. für Niederschlagswerte).
— Aus den stundenweise gesammelten Datenmengen hat die Rechenanlage für spätere Verarbeitung Datensätze zu organisieren. Diese Datensätze werden dann durch verschiedene Programme, z. B. zusammengesetzte Alarmuntersuchungsprogramme, statistische Auswertungsprogramme verarbeitet.

Obwohl der primäre Zweck die Sammlung von Meßdaten ist, die zur Vorbeugung von Überschwemmungen dienen und für die Wasserwirtschaft notwendige, entscheidungsvorbereitende Informationen liefern, ist die Verwirklichung einer Datenbank nicht weniger wichtig.

Die geographische Verteilung des SVR Systems ist in Abb. 4 zu sehen. Die Hauptteile des Systems sind folgende:

— die regionale Datenerfassungszentrale bei EIZIG, Miskolc,
— die für die Datenfernübertragung dienenden Telexlinien und Telexgeräte,
— die automatischen Meßstationen (SVR1, SVR2, bis SVR5), die die Wasserqualitätskennwerte überwachen.

Die Hauptteile des SVR-Systems und ihre Zusammenarbeit sind in Abb. 5 illustriert.

Die in den Meßstationen installierten Meßinstrumente (AQUADAT, NEPHELON, OILTEST, AQUANAL usw.) werden von dem Datenübertragungsgerät TELEXDAT auf Befehl von der Zentrale abgefragt. Die erhaltenen Meßdaten werden digitalisiert, formiert und an die Zentrale weitergeleitet.

Die Meßstationen senden vier Parameter (pH, gelöstes O_2, Temperatur und Leitfähigkeit) automatisch, außerdem sind sie fähig, die folgenden Kennwerte im Lokalbetrieb anzuzeigen: Turbulenz, Ölgehalt, Eisengehalt, Sonnenstrahlungsintensität und UV-Absorption.

Das Steuergerät der Datenerfassungszentrale ist der festprogrammierte Mikrocomputer MSzl. Das Telex-Fernschaltgerät TAB2 ermöglicht den automatischen Anruf und die Steuerung der Meßstationen und die automatische Abfrage der Meßdaten.

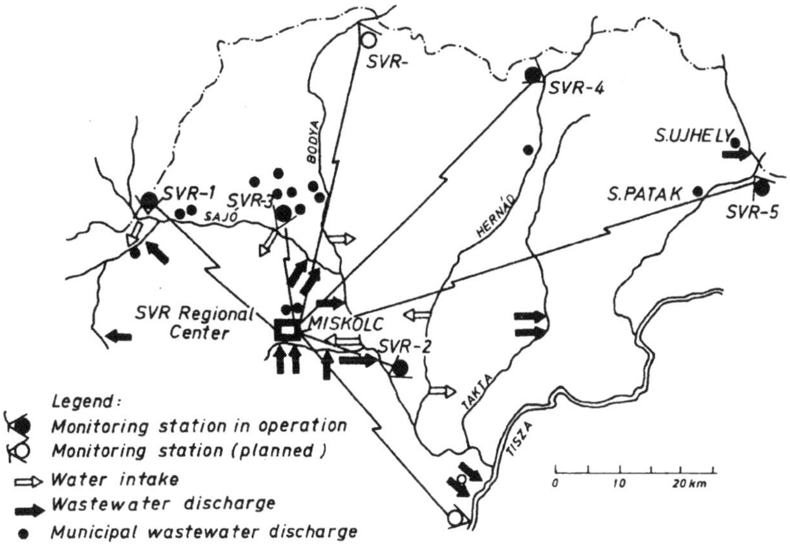

Abb. 4. Die geographische Verteilung des Wasserqualitätskontrollsystems im Raum des Flusses Sajó

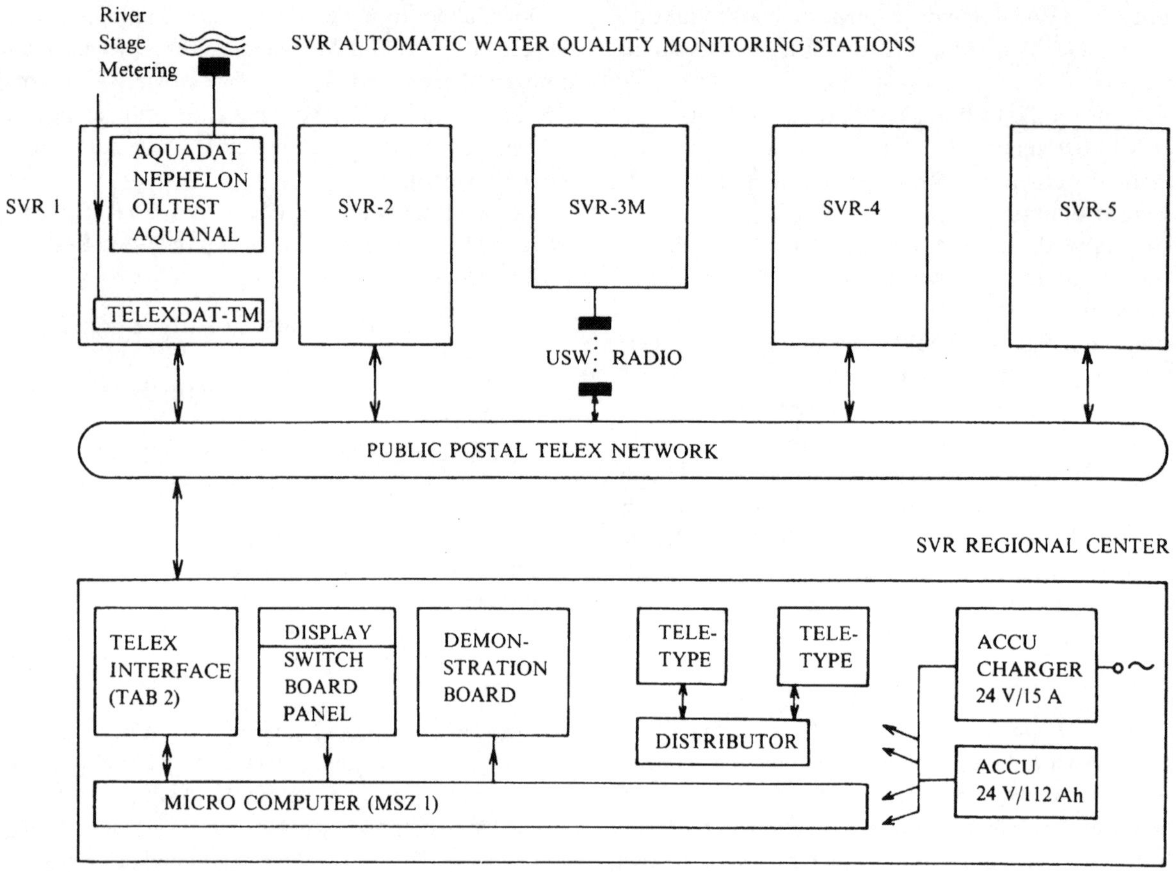

Abb. 5. Der Aufbau des SVR-Systems

Die Bedienungskonsole dient für die Auswahl der zu steuernden Meßstationen, das Einstellen der Betriebsart und die Ausgabe der manuellen Fernsteuerungsbefehle.

Die landkartenförmige Anzeigetafel kann einen gewählten Kennwert aller Stationen, alle Kennwerte einer ausgewählten Station und auch die grenzüberschreitenden Angaben dieser Station gleichzeitig anzeigen.

Alle Meßdaten werden mit individuellen Grenzwerten verglichen. Die im SAM-Speicher gespeicherten Grenzwerte können einfach vom Lochband modifiziert werden.

Der Mikrocomputer errechnet die Minimal-, die Maximal- und die Durchschnittswerte der Meßangaben und druckt sie zusammen mit den gesammelten Meßdaten mit Hilfe der angekoppelten Telex-Blattschreiber als Tagesberichte systematisch aus.

Die im Speicher des Mikrocomputers gespeicherten Meßdaten aus den letzten zehn Abfragezyklen können auf Befehl des Bedienungspersonals auch auf der Anzeigetafel angezeigt werden.

Literatur

[1] Hanák, P., Rácz, G., Selényi, E., Das Zagyva-Tarna Fernsteuersystem für die Wasserwirtschaft VIZDOK. Budapest 1978 (ungar.)

[2] Károlyi, A., Károlyi, Cs., Radványi, R., Salamin, A., Selényi, E., Das Zagyva-Tarna Fernsteuersystem VIZDOK. Budapest 1974 (dt.)

[3] Rácz, G., Controlling a Telemetric System by Microcomputer. Vorlesung auf dem 8. Kolloquium über Rechentechnik und Datenverarbeitung der TH Otto von Guericke, Magdeburg 15.—18. 6. 1976 (engl.)

[4] Hanák, P., Software Problems of a Small-Computer-Controlled Telemetric System. Vorlesung auf dem 8. Kolloquium über Rechentechnik und Datenverarbeitung der TH Otto von Guericke, Magdeburg, 15.—18. 6. 1976 (engl.)

[5] Pintér, Gy., Szeredai, L., Fázold, A., Szegi, A., The "SVR" Automatic Water Quality Monitoring and Data Collection System. ACTA IMEKO 1976, 255—264 (engl.)

Die Analyse der Informationsflüsse des meteorologischen Rechensystems am Fernsehturm in Ostankino (Moskau)

von A. P. Kurkovskij (UdSSR)

Ein Komplex meteorologischer Meßapparaturen, der im Fernsehturm in Ostankino eingerichtet ist, wird für die Durchführung von stationären Messungen der Daten der Atmosphäre (in der unteren 500-m-Schicht) benutzt. Dieser Komplex ist ein automatisches Informationsmeßsystem, das aus den meteorologischen Gebern, der automatischen Apparatur, den Meßgeräten und der elektronischen Rechenmaschine besteht.

Die Geber von Lufttemperatur, Luftfeuchtigkeit, Windgeschwindigkeit und Windrichtung sind auf den 7 Ständen des Fernsehturmes eingerichtet: 85, 128, 201, 253, 305, 385 und 503 m.

Um die negativen Einflüsse des Baukörpers des Fernsehturmes auf die Meßergebnisse so weit wie möglich auszuscheiden, sind die Geber auf speziellen, vorwiegend bis auf 10 m weit hinausragenden Geräteträgern montiert worden. Diese Geräteträger sind auf jedem Stand nach drei Seiten gerichtet: nach Nordost (60°), Süden (180°) und Nordwest (300°). Solche Orientierung der Geräteträger ermöglicht jeweils, die Geber zu Messungen zu verwenden, die bei gegebener Richtung der Windströmung optimal repräsentativ sind.

Außer den Gebern für die Lufttemperatur, Luftfeuchtigkeit, Windgeschwindigkeit und -richtung befinden sich auf manchen Ständen des Fernsehturmes Apparaturen für die Messung des Luftdruckes, der Sonnenstrahlung, der Sichtweite, der Eis- und Rauhfrostablagerungen, des Ozons und der Luftverunreinigungen.

Zur Messung meteorologischer Daten am Fuß des Fernsehturmes dient die automatische Station M-106 M.

Alle Geber, die man in dem System des meteorologischen Komplexes anwendet, sind in Serienfertigung hergestellt. Gegenwärtig werden Arbeiten durchgeführt, um die speziellen Geber zu schaffen, die für einen sicheren Betrieb bei solchen besonders komplizierten meteorologischen Bedingungen sowie für die Gewinnung pulsierender Kennwerte geeignet sind.

Die automatische Apparatur und die Meßgeräte sind innerhalb des Fernsehturmes in der Höhe von 46 m installiert. Sie sind mittels eines Kabels mit dem Rechenkomplex M-6000 verbunden, der in einem Gebäude des zentralen Aerologischen Meteorologischen Observatoriums eingerichtet ist.

Mit Hilfe des Rechenkomplexes kann man folgende Operationen durchführen:

a) Informationseingabe in die elektronische Rechenmaschine,
b) Neukodieren der Meßergebnisse in einem Kodeprogramm,
c) Auswahl eines Geräteträgers, der für die gegebenen Beobachtungsdaten optimal ist,
d) Informationskontrolle und Informationsausgabe auf die Datenträger (Drucker) nach entsprechendem Programm.

Die Informationsausgabe erfolgt in Form von Diagrammen (Profilen) und in anderen Kennwerten in wirklichem Zeitmaßstab und wird tabellenförmig auf dem Bildschirm (Display) dargestellt.

Die Periodizität der Meßfolge beträgt 3 min und mehr. Beim Operationsablauf erfolgen die Prozesse des Abfragens der Geber, der Verarbeitung der gewonnenen Information und die Ausgabe von Meßergebnissen an den ständigen Informationsempfänger (Verbraucher). Bei einer Gefahrensituation sendet man die Meldung auch an eine Reihe von zusätzlichen Informationsempfängern.

Die ersten drei Anforderungen sind determiniert, die letzte ist zufällig. Die Periode der Abfrage der Geber beträgt eine Stunde. Deshalb ist die Intensität der determinierten Komponente des Eingabedatenflusses bei Operationsablauf (-regime) gleich:

$$\lambda_D^0 = \frac{1}{T_D^0} = 1{,}00\ \mathrm{h}^{-1}\,.$$

T_D^0 ist die Zeit zwischen dem Einlauf der Anforderungen.

Eine Durchschnittszeit für die Bedienung der

determinierten Komponente kann aus folgender Relation gefunden werden:

$$t_D^0 = t_{Abfr.} + t_{Bear.} + t_{Übertr.} N_0 , \qquad (1)$$

$t_{Abfr.}$ Zeit für die Abfrage der Geber,
$t_{Bear.}$ Durchschnittszeit für die Bearbeitung,
$t_{Übertr.}$ Zeit für die Übertragung der Meßergebnisse,
N_0 Zahl der ständigen Empfänger der laufenden Information.

Die Dauer für die Abarbeitung des Abfrageprogramms von Gebern und für die Vorverarbeitung der Ergebnisse beträgt 10 min, das heißt $t_{Abfr.} + t_{Bear.} = 0{,}167$ h.

Den Wert $t_{Übertr.}$ kann man unter Berücksichtigung der Arbeitsgeschwindigkeit des Übertragungskanals und des Formats der Meldung ermitteln. Unter Berücksichtigung der Tatsache, daß eine Meldung mit einer Geschwindigkeit von 50 Baud (7 Symbole je s) durch eine Fernschreibleitung übertragen wird und jede Meldung aus etwa 400 Symbolen besteht, erhalten wir eine Übertragungszeit von ca. 1 min.

Außerdem ist noch etwa 1 min für einen Verbindungsaufbau notwendig. Damit ergibt sich $t_{Übertr.} = 0{,}033$ h. In das Programm für die Verarbeitung der Informationen, die von Gebern einlaufen, geht als ein Bestandteil ein Unterprogramm „Zur Analyse der Gefahrensituationen" ein, wobei dieses Unterprogramm mit einer Periodendauer T_D^0 wie auch die übrigen Unterprogramme arbeitet. Trotz des zufälligen Charakters der Entstehung dieser Situationen ist daher der Eingabedatenfluß beim Operationsablauf völlig determiniert, und seine Informationsdichte beträgt von $\Lambda^0 = 1{,}00 \text{ h}^{-1}$.

Im Forschungsbetrieb werden die Informationsaufnahme und -verarbeitung mit Hilfe spezieller Programme verwirklicht. Gewöhnlich sichern diese Programme die Zusammenschau einer Reihe von atmosphärischen Prozessen. Die Anforderungen, die für den Eingabedatenfluß und bei diesem Regime gestellt werden, sind zufällig, und der Fluß hat folgende Informationsdichte:

$$\Lambda'' = \frac{1}{T_c^i} = \frac{1}{24} \text{ h} = 0{,}0416 \text{ h}^{-1} .$$

Der Beginn der Arbeit ist völlig von demjenigen Prozeß oder derjenigen Erscheinung abhängig, die im gegebenen Moment den forschenden Geophysiker interessiert, und deshalb nutzte man für die Ermittlung der Parameter eines Eingabedatenflusses die Registrierbücher der bereits durchgeführten geophysikalischen Forschungen aus. Bei der statistischen Datenverarbeitung nimmt man für eine Approximation zweckmäßigerweise einen gleichmäßig verteilten Fluß der Eingangsdaten an.

Die Bedienung des Eingabedatenflusses beim Forschungsregime ist auch zufällig; die Informationsdichte liegt im Bereich $^1/_2 < M^i < {}^1/_{22} \text{ h}^{-1}$. Gerade viele atmosphärische Prozesse haben eine solche zeitliche Dauer, z. B. beträgt die mittlere Dauer von Nebel in Moskau etwa 10 h und die der Gewitter 5 h. Wie die statistische Verarbeitung der Meldungen aus den Registrierbüchern von durchgeführten geophysikalischen Forschungen zeigt, kann ihre Dauer durch das Normalverteilungsgesetz mit den Parametern von $\sigma = 3{,}1$ und $m = 12$ approximiert werden.

Die größte Schwierigkeit stellt es dar, die Parameter des Informationsflusses bei dem Regime „Anfrage—Antwort" zu bestimmen. Bei diesem Regime muß die Ausgabe der meteorologischen Information zur Zeit der letzten Messung über die Fernschreibleitung nach erfolgter Anfrage der entfernten Informationsempfänger gewährleistet werden. Die Anfragen der Informationsempfänger können zeitlich zufällig erfolgen.

Gegenwärtig nutzen etwa 40 Organisationen die laufende Information (der letzten Messung) des Meteo-Komplexes in Ostankino. Die Informationsempfänger kann man nach der Art und Weise der Datenübermittlung (auf Anfrage, ohne Anfrage), nach der Frequenz der Anforderungen und nach der amtlichen Zugehörigkeit ordnen. Es wurde eine Befragung durchgeführt. Es ergab sich, daß man alle Informationsempfänger auch in zwei Klassen teilen kann: in die sogenannte prognostizierende Klasse und alle übrigen. Bei der Durchführung der Beratung berücksichtigte man sowohl den Iststand der Bedienung der entsprechenden Organisation als auch ihre Anforderungen für die Zukunft. Es wurde festgestellt, daß man viele Organisationen ohne entsprechende Anfrage bedient. Z. B. gibt man Wetterwarnungen von der Moskauer Hauptflugwetterwarte aus, und nur sie verteilt sie an die Flughäfen. Es wurden auch die Werte von N_0 und N_m genauer bestimmt, die 3 bzw. 5 sind. Die Organisationen, die zwecks Informationsgewinnung episodisch anfragen, bekommen diese Daten um das 2- bis 3-fache seltener als die Organisationen, die die Anfragen systematisch machten.

Unter Berücksichtigung dieser Bemerkung ist anzunehmen, daß der Meteorologische Komplex 30 Organisationen systematisch bedient.

Bei der durchgeführten Untersuchung von Informationsempfängern berücksichtigte man auch die Anforderungen der Organisationen in bezug auf den Informationsgehalt (Meteoelemente), die für sie von großer Bedeutung sind. In der Regel entstehen die Anfragen unter extremen Wetterbedingungen, und man kann unter Berücksichtigung dieser Umstände das Auftauchen der Anfragen wahrscheinlich mit der vorhandenen Meteorologischen Statistik für Moskau verbinden.

Der Eingabedatenfluß bei dem Regime „Anfrage—

Antwort“ ist tatsächlich eine Summe von vielen unabhängigen Flüssen von 30 verschiedenen Organisationen. Bei der Ermittlung der resultierenden Informationsdichte Λ^3 des Eingabedatenflusses sind bei diesem Regime die Daten in der Tabelle zu berücksichtigen.

In der Theorie der Massenbedienung gibt es den Grenzwertsatz, nach dem der resultierende Fluß, der eine Summe der unabhängigen und abhängigen Flüsse ist, sich rasch zu einer POISSON-Verteilung umwandelt. Dazu sind 5—7 Komponenten des Flusses gewöhnlich genügend, die willkürlichen Verteilungsgesetze haben können.

Dem oben Genannten entsprechend sind wir der Meinung, daß die Einlaufzeit der Anfragen auf Bedienung mit der Dichte Λ^3 und die Zeit, wo die Gefahrensituationen mit der Dichte $\lambda_{Gef.}$ vorkommen, ein POISSON-Verteilungsgesetz haben. Da eine Informationsausgabe bei dem Regime „Anfrage—Antwort“ für die letzte Meßzeit erfolgt, hat der Bedienungsfluß einen determinierten Charakter mit der Dichte

$$M^3 = \mu_{Aus.} \cdot$$

Die Ergebnisse dieser Analyse werden für ein mathematisches Modell ausgenutzt, das die Funktionsprozesse des meteorologischen Rechensystems in Ostankino beschreibt.

Autorenverzeichnis

BERECZKY, L.
OMSZ, Budapest, UVR
BLEEK, U.
MD, Potsdam, DDR
BRITAEV, A. S.
Goskomgidromet, Moskau, UdSSR
BRÖMME, G.
MD, Potsdam, DDR
CHALIKOVA, R. CH.
Goskomgidromet, Moskau, UdSSR
ČUB, V. N.
Goskomgidromet, Moskau, UdSSR
EICHELBAUM, W.
MD, Potsdam, DDR
FARAPANOVA, G. P.
Goskomgidromet, Moskau, UdSSR
GOL'BERG, M. A.
Goskomgidromet, Moskau, UdSSR
GREJZ, E. B.
Goskomgidromet, Moskau, UdSSR
HANÁK, P.
OMSZ, Budapest, UVR
HENNING, H.
MD, Potsdam, DDR
IVANOV, JU. F.
Goskomgidromet, Moskau, UdSSR
JIROWSKI, V.
HMU, Prag, ČSSR
KLEMM, S.
MD, Potsdam, DDR
KOLBIG, J.
MD, Potsdam, DDR
KRANCBERG, A. S.
Goskomgidromet, Moskau, UdSSR
KRÜGER, K.
MD, Potsdam, DDR
KURKOVSKIJ, A. P.
Goskomgidromet, Moskau, UdSSR
MANUJLOV, K. N.
Goskomgidromet, Moskau, UdSSR
MATVEENKO, I. I.
Goskomgidromet, Moskau, UdSSR
MECHOVIČ, A. I.
Goskomgidromet, Moskau, UdSSR
MEZÖSI, M.
OMSZ, Budapest, UVR
MICHAŁCZEWSKI, E.
IMGW, Warschau, VRP
ROŠČIN, A. G.
Goskomgidromet, Moskau, UdSSR
SKURATOVIČ, I. M.
Goskomgidromet, Moskau, UdSSR
SONNTAG, D.
MD, Potsdam, DDR
SOROKIN, V. G.
Goskomgidromet, Moskau, UdSSR
TIMOFEEV, V. I.
Goskomgidromet, Moskau, UdSSR
ULLNER, H.-A.
MD, Potsdam, DDR
VOLOBUEVA, G. V.
Goskomgidromet, Moskau, UdSSR
WEHNER, H.-F.
MD, Potsdam, DDR
WENDLING, U.
MD, Potsdam, DDR
WOJCIECHOWSKI, T.
IMGW, Warschau, VRP
ZACHARENKOV, L. I.
Goskomgidromet, Moskau, UdSSR
ZIEMANN, R.
MD, Potsdam, DDR
ZLATIN, A. L.
Goskomgidromet, Moskau, UdSSR

Goskomgidromet: Gosudarstvennyj Komitet SSSR po Gidrometeorologii i Kontrolju Prirodnoj Sredy, UdSSR-123376 Moskva, UdSSR
HMU: Hydrometeorologický Ustav, CS-15129 Praha-Smichov, ČSSR
IMGW: Instytut Meteorologii i Gospodarki Wodnej, 01-673 Warszawa, VRP
MD: Meteorologischer Dienst der DDR, DDR-1500 Potsdam, DDR
OMSZ: Országos Meteorológiai Szolgálat, H-1525 Budapest, UVR

ISSN 0138-1105

Kolibri 360 GmbH
Ferdinand-Jühlke-Straße 7
99095 Erfurt, Deutschland
produktsicherheit@kolibri360.de